江苏省教育科学“十三五”规划专项重点课题(“项目树”教学模式在测绘创新人才培养中的应用研究)资助

专业认证理念下的海洋测量课程建设实践与探索

孙佳龙　沈立祥　孙　苗　王　晓　田慧娟　著

中国矿业大学出版社

· 徐州 ·

内 容 提 要

工程教育专业认证是专业认证机构针对高等教育机构开设的工程类专业教育实施的专门性认证，旨在为相关工程技术人才进入工业界从业提供预备教育质量保证。通过专业认证，可以进一步规范本专业人才培养体系和各教学环节，提高人才培养质量。本书介绍了专业认证基本理念，对江苏海洋大学测绘工程专业培养方案和海洋测量课程教学大纲进行了说明，以海洋测量课程中的海洋水文测量作为案例，分享了专业认证理念下以"项目驱动"和"对分课堂"作为课堂教学形式的线上线下混合教学模式在海洋测量课程中的基本应用。在践行"以学生为中心"的专业认证理念过程中，积极探索了虚拟仿真与实验实训相结合、理论知识与工程实践相结合的教学模式，对港口与航道疏浚工程测量虚拟仿真实验软件和海洋工程技术中心相关情况进行了详细介绍。最后，对课程思政、CPP模式和专业性学生社团在海洋测量课程中的应用进行了分析和探讨，得到了一些有益的结论。

本书可供海洋测量领域的高等院校师生和相关工程技术人员参考。

图书在版编目(CIP)数据

专业认证理念下的海洋测量课程建设实践与探索 / 孙佳龙等著.—徐州：中国矿业大学出版社，2021.9

ISBN 978-7-5646-5131-2

Ⅰ. ①专… Ⅱ. ①孙… Ⅲ. ①海洋测量—课程建设—高等学校 Ⅳ. ①P229—41

中国版本图书馆CIP数据核字(2021)第195169号

书　　名 专业认证理念下的海洋测量课程建设实践与探索
著　　者 孙佳龙　沈立祥　孙　苗　王　晓　田慧娟
责任编辑 李　敬
出版发行 中国矿业大学出版社有限责任公司
(江苏省徐州市解放南路　邮编 221008)
营销热线 (0516)83885105　83884103
出版服务 (0516)83883937　83884920
网　　址 http://www.cumtp.com　**E-mail**:cumtpvip@cumtp.com
印　　刷 江苏淮阴新华印务有限公司
开　　本 787 mm×1092 mm　1/16　**印张** 10.75　**字数** 226 千字
版次印次 2021年9月第1版　2021年9月第1次印刷
定　　价 56.00元
(图书出现印装质量问题，本社负责调换)

前　言

海洋测量是江苏海洋大学测绘工程专业的一门主干课程。通过系统学习该课程,学生可了解海洋相关知识,理解不同社会文化对海洋测量及相关工程活动的影响;通过学习多种水深测量技术和海洋定位技术,可了解海洋测量相关技术标准体系、知识产权、产业政策和法律法规;针对复杂的不同海底地形条件,通过分析和判断,合理选择水深测量技术和仪器设备,实现高效的海底地形测量方案;能够使用现代海洋测绘仪器和相关数据处理软件完成海洋测绘数据采集、数据处理与精度分析;能够在与海洋测量相关的海洋调查活动中胜任多学科团队中的组织管理角色,具备组织、协调和指挥团队开展工作的能力。

由于海洋测量是一门理论性和实践性都较强的课程,因此,如何在熟练掌握相关理论基础的前提下,让学生积极参与线上线下学习结合、虚拟仿真与实验实训结合、理论知识与工程实践结合、课堂学习与社团研讨结合的学习方式,不断增强学生学习兴趣,全方位提高学生的综合素质和能力,是撰写本书的目的,也是一种尝试。

为规范江苏海洋大学测绘工程专业人才培养体系和海洋测量教学环节,提高海洋测绘人才培养质量,本书以工程教育专业认证标准作为主线,在江苏海洋大学测绘工程专业培养方案和海洋测量教学大纲中践行以学生的学习成果作为导向的教育理念。介绍了专业认证理念下以“项目驱动”和“对分课堂”作为课堂教学形式的线上线下混合教学模式在海洋测量课程中的基本应用。从虚拟仿真实验教学项目的设计和交互过程两个方面,详细介绍了港口与航道疏浚工程测量虚拟仿真实验的具体操作过程。通过介绍海洋工程技术中心实验设施、主要仪器设备和主要实验等情况,阐述了江苏海洋大学在海洋测量课程中的实践教学条件。最后,分析和探讨了课程思政、CPP 模式和专业性学生社团等教学形式在海洋测量课程中的应用情况，该教学模式可以为相关教师提供参考。

全书共分6章，由江苏海洋大学、宁波上航测绘有限公司的孙佳龙、沈立祥、孙苗、王晓和田慧娟共同撰写完成。其中，第1章由孙佳龙、王晓撰写，第2章由孙佳龙、沈立祥撰写，第3章由孙佳龙撰写，第4章由孙苗、田慧娟撰写，第5章由孙佳龙、王晓撰写，第6章由孙佳龙撰写。

在撰写本书的过程中，作者参考了国内外相关学者的文献，秦思远、吉方正、张正阳、刘金磊、赵思聪、朱国豪等研究生提供素材并参与编辑，在此一并表示诚挚感谢。

海洋测量是一门多学科交叉的课程，相关技术随着相关学科发展而不断发展，教学方式和方法也会随之变化。由于作者水平有限，书中疏漏和不足之处在所难免，敬请专家和读者批评指正。

著　者

2021年8月

目 录

第1章　海洋测量课程建设理念和要求

1.1　专业认证基本理念

工程教育专业认证是指专业认证机构针对高等教育机构开设的工程类专业教育实施的专门性认证，由专门职业或行业协会（联合会）、专业学会会同该领域的教育专家和相关行业企业的专家一起进行，旨在为相关工程技术人才进入工业界从业提供预备教育质量保证（李志义，2014）。

《华盛顿协议》是国际上最具影响力的工程教育学位互认协议。该协议成立于1989年，由美国等6个英语国家的工程教育专业认证机构发起，其宗旨是通过多边认可工程教育专业认证结果，实现工程学位互认，促进工程技术人员国际流动（樊一阳 等，2014）。2016年6月，我国成为《华盛顿协议》第18个正式成员。

成为《华盛顿协议》的正式成员后，我国全面参与《华盛顿协议》各项规则的制定，我国工程教育专业认证的结果得到其他17个正式成员认可。通过认证专业的毕业生在相关国家申请工程师执业资格时，将享有与本国毕业生同等待遇。

我国开展工程教育专业认证的目的是（陆勇，2015）：

（1）构建我国工程教育的质量监控体系，推进我国工程教育改革，进一步提高工程教育质量。

（2）构建工程教育与企业的联系机制，增强工程教育人才培养对产业发展的适应性，建立与注册工程师制度相衔接的专业认证体系。

（3）促进我国工程教育的国际互认，提升国际竞争力。

工程教育专业认证的标准由通用标准和专业补充标准两部分构成。通用标准规定了相应专业在学生、培养目标、毕业要求、持续改进、课程体系、师资队伍和支持条件7个方面的要求；专业补充标准规定了相应专业领域在上述一个或多个方面的特殊要求和补充。

认证标准各项指标的逻辑关系为：以学生为中心，以培养目标和毕业要求为导向，通过雄厚的师资队伍和完备的支持条件保证各类课程教学的有效实施，并通过完善的内、外部质量控制机制进行持续改进，最终保证学生培养质量满足要求。

工程教育专业认证标准的“以学生为中心”具体体现包括（刘宝 等，2017）：

（1）工程教育专业认证要求以学生为中心，不仅仅体现在学生这一个标准指标项上，也体现在其他各个指标中。

（2）“以学生为中心”评价的核心就是对学生表现和是否获取相应的素质能力进行评价，而且必须考虑全体学生。

（3）毕业时的素质要求以及毕业后一段时间应该具备的职业能力应该围绕学生培养目标设定。

（4）课程体系的安排、师资队伍和支持条件的配备要以是否有利于学生达到培养目标和毕业要求为导向。

（5）实施各种质量保障制度和措施的目的是推进专业质量的持续改进和提高，最终的目的是要保证学生培养质量满足从事相应职业的要求。

工程教育专业认证标准的“成果导向”（OBE）是一种以学生的学习成果为导向的教育理念，认为教学设计和教学实施的目标是学生通过教育过程最后所取得的学习成果（夏雄军 等，2019），具体包括：

（1）认证标准规定了专业应该满足的培养目标和毕业要求，规定了学生在毕业时应该具备的基本的沟通能力、合作能力、专业知识技能、终生学习的能力及健全的人格、一定的国际视野和责任感等能力素质要求，这也是认证标准各项指标应该重点关注的部分。

（2）认证标准其他部分内容是否满足要求，都要以其对培养目标和毕业要求的贡献为依据，也就是对学生能力培养的贡献度。以学生为中心的工程教育专业认证的根本目的，是考核“教育产出”（学生学到什么），而非“教育输入”（教师教什么），也就是更加关注教育的结果和产出。

工程教育专业认证制度的一大重要特点就是持续改进的质量文化，工程教育专业认证标准同样是贯穿了这种质量持续提高与改进的基本理念。工程教育专业认证标准的“持续改进”具体包括（蔡述庭 等，2018）：

（1）认证标准并不要求专业目前必须达到一种较高的水平，但要求专业必须对自身在标准要求的各个方面存在的问题有明确的认识和信息获取的途径，有明确可行的改进机制和措施，能跟踪改进之后的效果并收集信息用于下一步的继续改进，这是一个质量持续不断提高的循环式上升过程。

（2）在标准具体内容上，7 项指标除了“持续改进”项外，其他 6 项均贯穿了持续改进的理念，所列的专业应该具有的各种机制、制度、措施，最终都是聚焦执行和落实情况的跟踪、评价与改进。

工程教育专业认证的专业必须有明确、公开、可衡量的毕业要求，毕业要求应能支撑培养目标的达成。专业制定的毕业要求应完全覆盖以下内容。

(1) 工程知识：能够将数学、自然科学、工程基础和专业知识用于解决复杂工程问题。

(2) 问题分析：能够应用数学、自然科学和工程科学的基本原理，识别、表达并通过文献研究分析复杂工程问题，以获得有效结论。

(3) 设计/开发解决方案：能够设计针对复杂工程问题的解决方案，设计满足特定需求的系统、单元(部件)或工艺流程，并能够在设计环节中体现创新意识，考虑社会、健康、安全、法律、文化以及环境等因素。

(4) 研究：能够基于科学原理并采用科学方法对复杂工程问题进行研究，包括设计实验、分析与解释数据，并通过信息综合得到合理有效的结论。

(5) 使用现代工具：能够针对复杂工程问题，开发、选择与使用恰当的技术、资源、现代工程工具和信息技术工具，包括对复杂工程问题的预测与模拟，并能够理解其局限性。

(6) 工程与社会：能够基于工程相关背景知识进行合理分析，评价专业工程实践和复杂工程问题解决方案对社会、健康、安全、法律以及文化的影响，并理解应承担的责任。

(7) 环境和可持续发展：能够理解和评价针对复杂工程问题的工程实践对环境、社会可持续发展的影响。

(8) 职业规范：具有人文社会科学素养、社会责任感，能够在工程实践中理解并遵守工程职业道德和规范，履行责任。

(9) 个人和团队：能够在多学科背景下的团队中承担个体、团队成员以及负责人的角色。

(10) 沟通：能够就复杂工程问题与业界同行及社会公众进行有效沟通和交流，包括撰写报告和设计文稿、陈述发言、清晰表达或回应指令，并具备一定的国际视野，能够在跨文化背景下进行沟通和交流。

(11) 项目管理：理解并掌握工程管理原理与经济决策方法，并能在多学科环境中应用。

(12) 终生学习：具有自主学习和终生学习的意识，有不断学习和适应发展的能力。

1.2 测绘工程专业培养目标和培养方案

江苏海洋大学测绘工程专业在2019年被评为国家级一流专业建设点，是江苏省品牌专业，分别在2015年和2018年通过了工程教育专业认证。该专业坚持以学生为中心、成果为导向、持续改进为导航，研讨制定工程教育专业认证改进方案，认真整改认证结论提出的不足和问题，不断完善和优化人才培养方案，强调课程体系支撑培养目标的科学性设计，注重教学过程质量监控、反馈及评价机制建设，创建教学过程工程化管理模式，加强测绘技能等级考核，加强产学结合的顶岗实践，取得了良好的改进效果。近三年，该专业就业率一直保持在100%，毕业生在知识、能力及素养等方面都有较大提升，具有较高的社会认可度，并具有较强的持续发展潜力。

1.2.1 培养目标

本专业培养适应经济社会需要，德智体美劳全面发展的社会主义事业合格建设者和可靠接班人，培养具有海洋意识、创新精神、职业素养、家国情怀，并能够在海洋开发、城乡建设、自然资源和应急保障等领域从事测绘地理信息工程的设计、生产、研发和管理等工作的具有鲜明海洋特色的复合应用型人才。

毕业生在毕业后5年左右，能够达到的职业和专业成就如下。

(1) 目标1：具备良好的职业道德和敬业精神，能够承担和履行社会责任，积极服务国家和经济社会发展。

(2) 目标2：具备综合利用现代测量方法与手段获取空间信息并进行综合处理的业务能力，能够独立胜任测绘地理信息工程的设计、生产、研发和管理等工作。

(3) 目标3：具备有效沟通能力和团队协作精神，能够在设计、生产、研发和多学科团队中担任组织管理骨干或技术负责人角色。

(4) 目标4：具备自主学习、终生学习的思维和行动能力，能够通过多种途径提升自我素养，适应职业发展。

1.2.2 毕业要求

本专业学生主要学习测绘科学与技术基本理论，掌握测绘地理信息工程技术手段与方法，具有解决复杂测绘工程问题的知识、能力和素质。

本专业学生毕业时应达到如下要求。

(1) 工程知识：能够将数学、自然科学、工程基础和专业知识用于解决复杂测绘工程问题。

（2）问题分析：能够应用数学、自然科学和工程科学的基本原理，识别、表达并通过文献研究分析复杂测绘工程问题，以获得有效结论。

（3）设计/开发解决方案：能够设计针对复杂测绘工程问题的解决方案，设计满足特定需求的系统、单元（部件）或工艺流程，并能够在设计环节中体现创新意识，考虑社会、健康、安全、法律、文化以及环境等因素。

（4）研究：能够基于科学原理并采用科学方法对复杂测绘工程问题进行研究，包括设计实验、分析与解释数据，并通过信息综合得到合理有效的结论。

（5）使用现代工具：能够针对复杂测绘工程问题，开发、选择与使用恰当的技术、资源、现代工程工具和信息技术工具，包括对复杂测绘工程问题的预测与模拟，并能够理解其局限性。

（6）工程与社会：能够基于测绘工程相关背景知识进行合理分析，评价测绘工程实践和复杂测绘工程问题解决方案对社会、健康、安全、法律以及文化的影响，并理解应承担的责任。

（7）环境和可持续发展：能够理解和评价针对复杂测绘工程问题的工程实践对环境、社会可持续发展的影响。

（8）职业规范：具有人文社会科学素养、社会责任感，能够在测绘工程实践中理解并遵守工程职业道德和规范，履行责任。

（9）个人和团队：能够在多学科背景下的团队中承担个体、团队成员以及负责人的角色。

（10）沟通：能够就复杂测绘工程问题与业界同行及社会公众进行有效沟通和交流，包括撰写报告和设计文稿、陈述发言、清晰表达或回应指令，并具备一定的国际视野，能够在跨文化背景下进行沟通和交流。

（11）项目管理：理解并掌握测绘工程管理原理与经济决策方法，并能在多学科环境中应用。

（12）终生学习：具有自主学习和终生学习的意识，有不断学习和适应发展的能力。

1.2.3　毕业及学位授予

1.2.3.1　毕业条件

（1）具有良好的思想品德、身体素质和人文素养，符合学校规定的德育、体育、美育和劳动教育标准，《国家学生体质健康标准》测试成绩达到50分（含50分）以上。

（2）完成人才培养方案规定的所有课程和环节，获得规定的168个学业学分。

（3）获得规定的素质拓展10个学分，其中A类不少于4个学分，B类不少于6个学分。

(4)获得规定的劳动教育2个学分。

在允许的修业年限内,达到毕业条件的学生,准予毕业,颁发本科毕业证书。

1.2.3.2 学位授予

符合《江苏海洋大学普通高等教育本科毕业生学士学位授予实施细则》相关规定的学生,可授予工学学士学位,颁发学士学位证书。

1.2.4 课程构成及学分分配

测绘工程专业课程学分和比例统计见表1-1,实践教学学分和比例统计见表1-2,各学期教学活动安排见表1-3。

表1-1 测绘工程专业课程学分和比例统计

课程平台	课程模块	课程性质	学分数	占总学分比例/%
公共基础平台	公共基础课程模块	必修	59.5	35.4
	公共基础实践模块	必修	6+【2】	3.6
素质拓展平台	素质拓展课程模块	限选	8	4.8
	素质拓展实践模块	选修	【6】	
学科基础平台	学科基础课程模块	必修	25	14.9
专业能力平台	专业课程模块	必修	23	13.7
		选修	11.5	6.8
	专业实践模块	必修	35	20.8
	科研与创新训练模块	选修	【4】	
合计			168+【12】	100

注:素质拓展学分和劳动教育学分不参与计算。

表1-2 测绘工程专业实践教学学分和比例统计

实践性教学环节	学分数	占总学分比例/%
公共基础实践环节	6+【2】	4.4
素质拓展实践环节	【6】	3.3
课内实验	11	6.1
单独设置的实验课程	2	1.1
专业实践环节	35	19.4
科研与创新训练环节	【4】	2.2
合计	54+【12】	36.5

注:素质拓展学分和劳动教育学分参与计算。

表 1-3　测绘工程专业各学期教学活动安排

学期	课程名称	学分	学时	学期	课程名称	学分	学时
第一学期	中国近现代史纲要	3	48	第二学期	思想道德修养与法律基础	3	48
	大学计算机	2	40		C 语言程序设计	4	64
	体育 A(一)	1	36		体育 A(二)	1	36
	大学英语(一)	3	48		大学英语(二)	3	48
	高等数学 A(一)	5	80		高等数学 A(二)	6	96
	工程制图 B	2	32		军事理论	2(1)	36
	测绘学概论	1	16		大学生心理健康	2(1)	32
	军训	2	2 周		大学物理 B	4	64
					地球科学概论	1	16
	小计	19	300 学时+2 周		小计	24	440 学时
第三学期	马克思主义基本原理概论	3	48	第四学期	毛泽东思想和中国特色社会主义理论体系概论	5	80
	体育 A(三)	1	36		体育 A(四)	1	36
	大学英语(三)	2	32		大学英语(四)	2	32
	线性代数	2	32		数据结构 B	2	32
	概率论与数理统计 B	3	48		误差理论与测量平差基础	3	48
	大学生创业基础	1	16		大地测量学基础	3	48
	大学物理实验	2	48		地理信息系统原理	3	48
	数字地形测量学 B	4	64		数字地形测量学实习 A	4	4 周
	地图制图学基础	2	32				
	海洋环境立体监测与评价 B	2	32				
	工程训练 B	2	2 周				
	小计	24	388 学时+2 周		小计	23	324 学时+4 周
第五学期	土木工程概论	1	16	第六学期	海洋测量	2	32
	计算机图形学	2	32		工程测量学	2.5	40
	人工智能基础	2	32		遥感原理与应用	2.5	40
	GNSS 原理及其应用 B	2	32		摄影测量学	2	32
	不动产测绘	2	32		遥感原理与应用技术实习	2	2 周

表 1-3(续)

学期	课程名称	学分	学时	学期	课程名称	学分	学时
第五学期	误差理论与测量平差课程设计	1	1 周	第六学期	数字摄影测量学实习	2	2 周
	大地测量学基础课程设计	1	1 周		海洋测量实习 B	2	2 周
	卫星导航定位实习	2	2 周		专业选修课	3.5	56
	大地测量学基础实习	2	2 周				
	地理信息系统应用实习	2	2 周				
	专业选修课	4	64				
	小计	21	208 学时 +8 周		小计	18.5	200 学时 +6 周
第七学期	职业发展与就业创业指导	1 (0.5)	16	第八学期	毕业实习与设计(论文)	12	16 周
	测绘管理与法规	2	32				
	测绘科学与技术进展	1	16				
	海洋工程测量	2	32				
	无人机测量	2	32				
	工程测量学实习	2	2 周				
	选题训练与项目实践	3	3 周				
	专业选修课	4	64				
	小计	16.5	192 学时 +5 周		小计	12	16 周

注:“劳动教育”2 学分,每学期不少于 0.2 学分;“形势与政策”2 学分,64 学时,每学期 0.25 学分、8 学时;“素质拓展课程模块”8 学分,不限定学期。

1.2.5 测绘工程专业课程体系配置关系

以学生学习成果为起点,反向设计能对学生能力有清晰映射关系的课程体系。为最大限度地剖析各个学期开设课程之间的内在联系,测绘工程专业课程体系的配置关系见图 1-1。

1.2.6 课程指导性修读计划

测绘工程专业本科课程指导性修读计划(2020 版)见表 1-4。

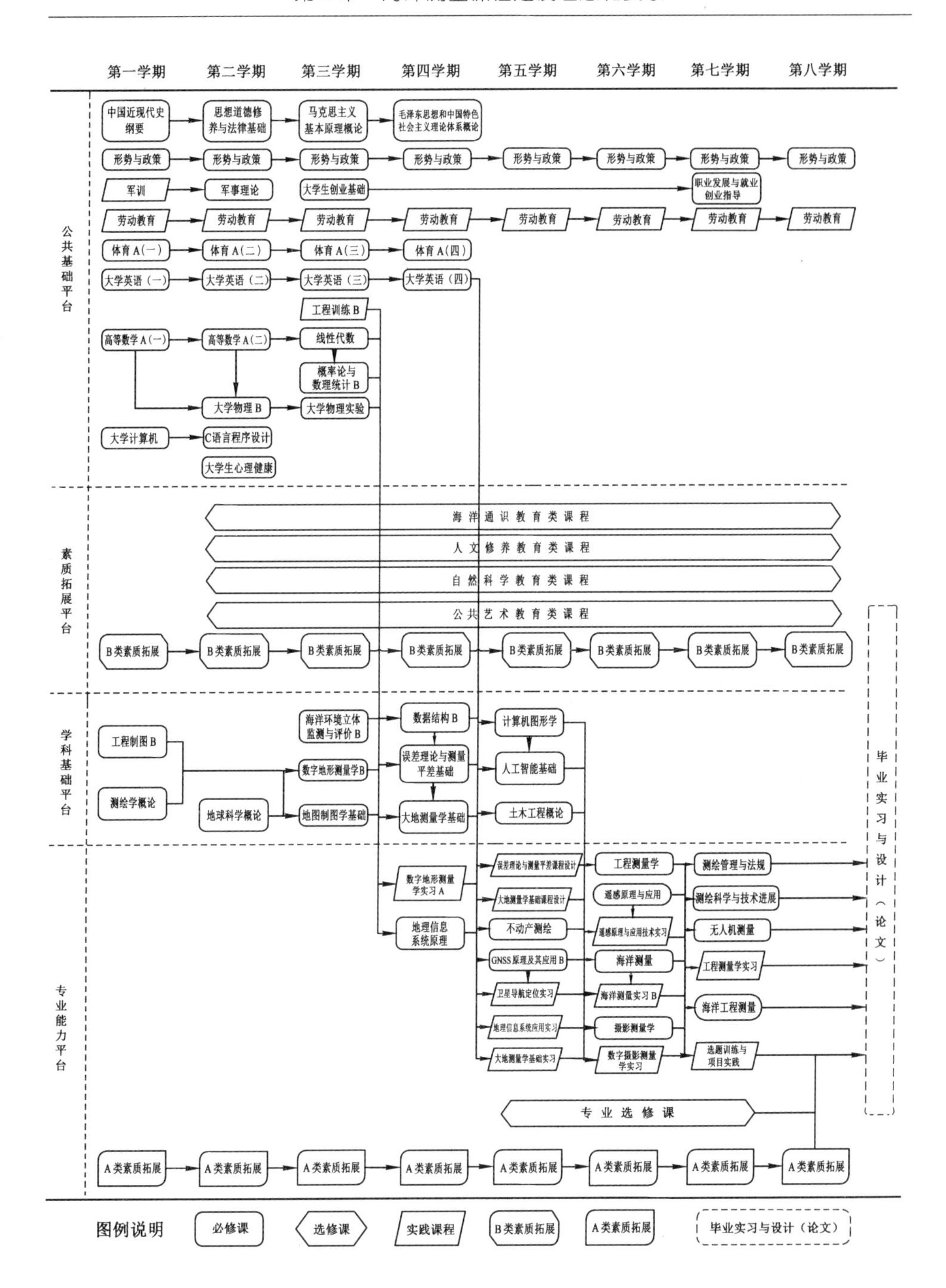

图 1-1　测绘工程专业课程体系设计图

表 1-4　江苏海洋大学测绘工程专业本科课程指导性修读计划(2020 版)

课程平台	课程模块	课程性质	课程代码	课程名称	学分	总学时	授课学时	实验学时	开课学期	实践环节	修读说明
公共基础平台	公共基础课程模块	必修	2110030053	毛泽东思想和中国特色社会主义理论体系概论	5	80	64	16	4		
			2110030060	思想道德修养与法律基础	3	48	40	8	2		
			2110030092	中国近现代史纲要	3	48	40	8	1		
			2110030040	马克思主义基本原理概论	3	48	48		3		
			2110030071	形势与政策	2	64	64		1～8		
			2106010521	大学计算机	2	40	16	24	1		
			2106010022	C 语言程序设计	4	64	32	32	2		
			2114010011	体育 A(一)	1	36	36		1		
			2114010012	体育 A(二)	1	36	36		2		
			2114010013	体育 A(三)	1	36	36		3		
			2114010014	体育 A(四)	1	36	36		4		
			2115010091	大学英语(一)	3	48	48		1		
			2115010092	大学英语(二)	3	48	48		2		
			2115010015	大学英语(三)	2	32	32		3		
			2115010016	大学英语(四)	2	32	32		4		
			2109020031	高等数学 A(一)	5	80	80		1		
			2109020032	高等数学 A(二)	6	96	96		2		
			2109010340	线性代数	2	32	32		3		
			2109010102	概率论与数理统计 B	3	48	48		3		
			2109040025	大学物理 B	4	64	64		2		
			2114020012	军事理论	2(1)	36	32	4	2		
			2416000021	大学生心理健康	2(1)	32	16	16	2		
			2412000030	大学生创业基础	1	16	16		3		
			2110030111	职业发展与就业创业指导	1(0.5)	16	8	8	7		讲座等 0.5 学分
		公共基础课程模块应修学分小计			59.5						
	公共基础实践模块	必修	2119010010	军训	2	2 周		2 周	1	√	
			2109050021	大学物理实验	2	48		48	3		
			2118010037	工程训练 B	2	2 周		2 周	3	√	
				劳动教育	【2】				1～8	√	按照《江苏海洋大学劳动教育实施方案》执行
		公共基础实践模块应修学分小计			6+【2】						
公共基础平台应修学分合计					65.5+【2】						

表1-4(续)

<table>
<tr><th>课程平台</th><th>课程模块</th><th>课程性质</th><th>课程代码</th><th>课程名称</th><th>学分</th><th>总学时</th><th>授课学时</th><th>实验学时</th><th>开课学期</th><th>实践环节</th><th>修读说明</th></tr>
<tr><td rowspan="5">素质拓展平台</td><td rowspan="4">素质拓展课程模块</td><td rowspan="4">限选</td><td rowspan="4"></td><td>海洋通识教育类课程</td><td>2</td><td colspan="6" rowspan="4">学生必须在每一类课程中修满2学分，该模块一共需修满8学分</td></tr>
<tr><td>人文修养教育类课程</td><td>2</td></tr>
<tr><td>自然科学教育类课程</td><td>2</td></tr>
<tr><td>公共艺术教育类课程</td><td>2</td></tr>
<tr><td>素质拓展实践模块</td><td>选修</td><td></td><td>素质拓展B类</td><td>【6】</td><td colspan="6">根据《江苏海洋大学本科生素质拓展学分认定实施办法》认定</td></tr>
<tr><td colspan="5">素质拓展平台应修学分合计</td><td colspan="7">8+【6】</td></tr>
<tr><td rowspan="12">学科基础平台</td><td rowspan="12">学科基础课程模块</td><td rowspan="12">必修</td><td>2101010132</td><td>工程制图B</td><td>2</td><td>32</td><td>32</td><td></td><td>1</td><td></td><td></td></tr>
<tr><td>2107010080</td><td>测绘学概论</td><td>1</td><td>16</td><td>16</td><td></td><td>1</td><td></td><td>团队教学</td></tr>
<tr><td>2107010420</td><td>地球科学概论</td><td>1</td><td>16</td><td>16</td><td></td><td>2</td><td></td><td></td></tr>
<tr><td>2107010461</td><td>地图制图学基础</td><td>2</td><td>32</td><td>32</td><td></td><td>3</td><td></td><td></td></tr>
<tr><td>2107010301</td><td>数字地形测量学B</td><td>4</td><td>64</td><td>44</td><td>20</td><td>3</td><td></td><td></td></tr>
<tr><td>2107030720</td><td>海洋环境立体监测与评价B</td><td>2</td><td>32</td><td>24</td><td>8</td><td>3</td><td></td><td></td></tr>
<tr><td>2106010401</td><td>数据结构B</td><td>2</td><td>32</td><td>24</td><td>8</td><td>4</td><td></td><td></td></tr>
<tr><td>2107010471</td><td>误差理论与测量平差基础</td><td>3</td><td>48</td><td>42</td><td>6</td><td>4</td><td></td><td></td></tr>
<tr><td>2107010150</td><td>大地测量学基础</td><td>3</td><td>48</td><td>40</td><td>8</td><td>4</td><td></td><td></td></tr>
<tr><td>2107010590</td><td>人工智能基础</td><td>2</td><td>32</td><td>16</td><td>16</td><td>5</td><td></td><td>英语</td></tr>
<tr><td>2103010720</td><td>计算机图形学</td><td>2</td><td>32</td><td>24</td><td>8</td><td>5</td><td></td><td></td></tr>
<tr><td>2102010380</td><td>土木工程概论</td><td>1</td><td>16</td><td>16</td><td></td><td>5</td><td></td><td></td></tr>
<tr><td colspan="5">学科基础平台应修学分合计</td><td colspan="7">25</td></tr>
<tr><td rowspan="6">专业能力平台</td><td rowspan="6">专业课程模块</td><td rowspan="6">必修</td><td>2107020771</td><td>地理信息系统原理</td><td>3</td><td>48</td><td>32</td><td>16</td><td>4</td><td></td><td></td></tr>
<tr><td>2107010481</td><td>GNSS原理及其应用B</td><td>2</td><td>32</td><td>26</td><td>6</td><td>5</td><td></td><td></td></tr>
<tr><td>2107010440</td><td>不动产测绘</td><td>2</td><td>32</td><td>32</td><td></td><td>5</td><td></td><td></td></tr>
<tr><td>2107030050</td><td>海洋测量</td><td>2</td><td>32</td><td>24</td><td>8</td><td>6</td><td></td><td></td></tr>
<tr><td>2107010251</td><td>工程测量学</td><td>2.5</td><td>40</td><td>32</td><td>8</td><td>6</td><td></td><td></td></tr>
<tr><td>2107020603</td><td>遥感原理与应用</td><td>2.5</td><td>40</td><td>32</td><td>8</td><td>6</td><td></td><td></td></tr>
</table>

表 1-4(续)

课程平台	课程模块	课程性质	课程代码	课程名称	学分	总学时	授课学时	实验学时	开课学期	实践环节	修读说明
专业能力平台	专业课程模块	必修	2107020911	摄影测量学	2	32	24	8	6		
			2107010500	测绘管理与法规	2	32	32		7		
			2107010450	测绘科学与技术进展	1	16	16		7		双语,团队教学
			2107010600	无人机测量	2	32	20	12	7		
			2107010270	海洋工程测量	2	32	28	4	7		
			专业必修应修学分小计		23						
		选修	2107010540	海道测量学	2	32	32		6		
			2107010530	海岛礁测量	2	32	32		7		
			2107030090	海洋地理信息系统	2	32	32		5		
			2107010190	地下管线探测	2	32	24	8	5		
			2107010050	变形监测原理	2	32	24	8	7		
			2107010180	地下工程测量	2	32	24	8	6		
			2107010610	时空大数据挖掘	1.5	24	24		5		
			2107010490	测绘 CAD	2	32	16	16	5		
			2107010100	测量程序设计基础	2	32	16	16	5		
			2107010620	移动测量	1.5	24	24		6		
			2107010550	激光雷达测绘技术与应用	2	32	16	16	6		
			2107010580	智慧城市工程	2	32	32		6		
			2107010090	测绘专业英语	2	32	32		7		
			2107010280	精密工程测量	2	32	20	12	7		
		专业选修应修学分小计			11.5						
	专业课程模块应修学分小计				34.5						
	专业实践模块	必修	2107010311	数字地形测量学实习 A	4	4 周		4 周	4	√	
			2107010160	大地测量学基础实习	2	2 周		2 周	5	√	
			2107020220	地理信息系统应用实习	2	2 周		2 周	5	√	
			2107010350	误差理论与测量平差课程设计	1	1 周		1 周	5	√	
			2107010410	大地测量学基础课程设计	1	1 周		1 周	5	√	
			2107010330	卫星导航定位实习	2	2 周		2 周	5	√	
			2107030061	海洋测量实习 B	2	2 周		2 周	6	√	

表 1-4(续)

课程平台	课程模块	课程性质	课程代码	课程名称	学分	总学时	授课学时	实验学时	开课学期	实践环节	修读说明
专业能力平台	专业实践模块	必修	2107020450	数字摄影测量学实习	2	2 周		2 周	6	√	
			2107020610	遥感原理与应用技术实习	2	2 周		2 周	6	√	
			2107010520	工程测量学实习	2	2 周		2 周	7	√	
			2107010630	选题训练与项目实践	3	3 周		3 周	7	√	
			2107000030	毕业实习与设计(论文)	12	16 周		16 周	8	√	
	专业实践模块应修学分小计				35						
	科研与创新训练模块	选修		素质拓展 A 类	【4】	根据《江苏海洋大学本科生素质拓展学分认定实施办法》认定					
	科研与创新训练模块应修学分小计				【4】						
专业能力平台应修学分合计					69.5+【4】						
总计					168+【12】						

1.2.7　毕业要求支撑培养目标的对应关系

测绘工程专业的毕业要求支撑人才培养目标的对应关系见表 1-5。

表 1-5　毕业要求支撑培养目标的对应关系

毕业要求	培养目标 1	培养目标 2	培养目标 3	培养目标 4
1. 工程知识		√		√
2. 问题分析	√	√		√
3. 设计/开发解决方案	√	√	√	
4. 研究		√		√
5. 使用现代工具		√		√
6. 工程与社会	√	√	√	
7. 环境和可持续发展	√	√	√	
8. 职业规范		√	√	√
9. 个人与团队	√		√	
10. 沟通	√		√	
11. 项目管理		√	√	
12. 终生学习		√		√

1.2.8 课程支撑毕业要求的对应关系

测绘工程专业课程体系中的每门课程与毕业要求之间的相互支撑关系见表 1-6。

表 1-6 测绘工程专业课程支撑毕业要求的对应关系

课程名称	毕业生应该具备的要求和能力											
	要求1	要求2	要求3	要求4	要求5	要求6	要求7	要求8	要求9	要求10	要求11	要求12
毛泽东思想和中国特色社会主义理论体系概论							M	M				M
思想道德修养与法律基础						M		M			M	
中国近现代史纲要						M		M				M
马克思主义基本原理概论						M		M			M	
形势与政策						M		M				M
大学计算机	M			L	M					M		
C 语言程序设计	M	M							M	M		
体育 A									M	M		M
大学英语		M				M				M		
高等数学 A	M	L		M	M							
线性代数	M	M		M								
概率论与数理统计 B	M	M		M								
大学物理 B	M	L		M	M							
军事理论			M						M	M		
大学生心理健康			M					M	M			
大学生创业基础						L	M		M		M	M
职业发展与就业创业指导							M	M	M		M	M
军训						M		M	M			
劳动教育									M	M		M
大学物理实验		M		M	M							
工程训练 B	M					M			M		L	
素质拓展			M					M	M	M	M	
工程制图 B	M	M								M		
测绘学概论		M						H		H		H
地球科学概论	H					H	H				M	
地图制图学基础		H	L	M			H	H				
数字地形测量学 B	H			H	M			H				

表 1-6(续)

课程名称	毕业生应该具备的要求和能力											
	要求1	要求2	要求3	要求4	要求5	要求6	要求7	要求8	要求9	要求10	要求11	要求12
海洋环境立体监测与评价 B	H		M		H		H	M				
数据结构 B		M		M	M							
误差理论与测量平差基础	H	H	M	H								L
大地测量学基础	H		M				H		H			H
人工智能基础	H	H							H	H	L	
计算机图形学		M	M	M								
土木工程概论	H		H	L				H				
地理信息系统原理	H		M	L	H	L	H				H	
GNSS 原理及其应用 B	M	H		H	H			H	L			
不动产测绘		M		H	H					M	H	
海洋测量		M			H	H			H			
工程测量学			H			H		H	H			
遥感原理与应用	H			H	M		L				H	
摄影测量学	H		L	H	H	H						L
测绘管理与法规						H		H			H	
测绘科学与技术进展							M			H		H
无人机测量		H			H		H			H		
海洋工程测量	H				H					M	H	
数字地形测量学实习 A			H	H			M	L	H			
大地测量学基础实习			L	H					H		M	H
地理信息系统应用实习		H	H					H	M	L		
误差理论与测量平差课程设计		H	H					M		H		
大地测量学基础课程设计	H	H							M		H	
卫星导航定位实习		H	H	L	M				H	L	M	
海洋测量实习 B		H	H	M				H		L		
数字摄影测量学实习				H			M	H				
遥感原理与应用技术实习		M	H					H				
工程测量学实习			M	M					H		H	H
选题训练与项目实践		H	H				L			H	H	
毕业实习与设计(论文)		H	H	H	H	H			H	H	H	H

注:H 表示强支撑,M 表示中等支撑,L 表示弱支撑。

1.3 海洋测量课程教学大纲

1.3.1 课程基本信息

课程教学的基本信息见表 1-7。

表 1-7 海洋测量课程教学基本信息

<table>
<tr><td rowspan="2">课程名称</td><td colspan="7">（中文）海洋测量</td></tr>
<tr><td colspan="7">（英文）Marine Surveying</td></tr>
<tr><td>课程代码</td><td colspan="4">2107030050</td><td>课程性质</td><td colspan="2">必修</td></tr>
<tr><td>开课学院</td><td colspan="4">海洋技术与测绘学院</td><td>课程负责人</td><td colspan="2">王晓</td></tr>
<tr><td>课程团队</td><td colspan="7">王晓、孙佳龙、冯成凯</td></tr>
<tr><td>授课学期</td><td colspan="4">6</td><td>学分/学时</td><td colspan="2">2/32</td></tr>
<tr><td>课内学时</td><td>32</td><td>理论学时</td><td>24</td><td>实验学时</td><td>8</td><td>其他</td><td></td></tr>
<tr><td>适用专业</td><td colspan="7">本二测绘工程专业、地理信息科学专业</td></tr>
<tr><td>授课语言</td><td colspan="7">中文</td></tr>
<tr><td>对先修课程的要求</td><td colspan="7">数字地形测量学 B(2107010301)，数字地形测量学实习 A(2107010311)</td></tr>
<tr><td>对后续课程的支撑</td><td colspan="7">卫星海洋测量</td></tr>
<tr><td>课程简介</td><td colspan="7">课程定位：海洋测量是一门理论性和实践性都较强的课程，是测绘工程专业的必修课。
核心学习结果：通过系统学习海洋测量课程，使学生了解海洋相关知识，理解不同社会文化对海洋测量及相关工程活动的影响；通过学习多种水深测量技术和海洋定位技术，了解海洋测量相关技术标准体系、知识产权、产业政策和法律法规；针对复杂的不同海底地形条件，通过分析和判断，合理选择适当的水深测量技术和仪器设备，实现高效的海底地形测量方案；能够使用现代海洋测绘仪器和相关数据处理软件完成海洋测绘数据采集、数据处理与精度分析；能够在与海洋测量相关的海洋调查活动中胜任多学科团队中的组织管理角色，具备组织、协调和指挥团队开展工作的能力。
主要教学方法：通过在课堂上采用多媒体教学方式，讲授海洋测量相关测量设备的原理和方法、数据处理技术和方法以及数据处理软件，海洋测量相关技术标准体系、知识产权、产业政策和法律法规，使学生掌握相关海洋测量及技术，并理解不同社会文化对海洋测量及相关工程活动的影响；通过选择恰当的现代海洋测量技术和仪器开展相关海洋测量工作。在实践环节上，通过实验课，使学生更加直观地了解和掌握海洋测量相关理论和基本方法，提高学生的实践能力、团队合作能力</td></tr>
</table>

1.3.2 课程目标及对毕业要求指标点的支撑

课程目标及对毕业要求指标点的支撑见表 1-8。

表 1-8　海洋测量课程目标及对毕业要求指标点的支撑

序号	课程目标	支撑毕业要求指标点	毕业要求
1	目标 1:了解海洋测量在仪器、技术和理论、数据处理软件方面的发展历程、现状及前景,针对具体海洋测量活动理解不同测量设备的局限性	5-1　了解全站仪、无人机、多波束等现代测绘仪器以及GNSS、遥感、地理信息等软件的使用原理和方法,并理解其局限性	5. 使用现代工具
2	目标 2:掌握海洋定位测量、单波束测深、多波束测深以及海底地形测量的基本原理和方法,了解海洋测量相关技术标准体系、知识产权、产业政策和法律法规;针对复杂的海底地形条件,通过分析和判断,合理选择适当的水深测量技术和仪器设备,实现高效的海底地形测量方案;同时,理解不同社会文化对海洋测量及相关工程活动的影响	6-1　了解测绘、海洋、地理学等专业相关领域的技术标准体系、知识产权、产业政策和法律法规,理解不同社会文化对工程活动的影响	6. 工程与社会
3	目标 3:掌握海洋测量几种设备的使用方法,通过实验及实践,能够在海洋测量相关海洋调查活动中胜任多学科团队中的组织管理角色,具备组织、协调和指挥团队开展工作的能力和意识	9-3　能够胜任多学科团队中的组织管理角色,具备组织、协调和指挥团队开展工作的能力	9. 个人和团队

1.3.3　教学内容及进度安排

海洋测量教学内容及进度安排见表 1-9。

表 1-9　海洋测量教学内容及进度安排

序号	教学内容	学生学习预期成果	课内学时	教学方式	支撑课程目标
1	海洋测量概述: (1) 海洋测绘的发展历史; (2) 海洋测绘的对象和特点; (3) 海洋测绘的任务和分类; (4) 海洋测绘和其他学科的关系; (5) 海洋测绘新技术及应用。 课程思政元素:“海洋强国”战略,首先必须有海洋测量数据支撑,更好地认识海洋	使学生了解海洋相关知识,理解海洋测量基本原理、发展历程、现状及前景,掌握海洋测量外业技术和内业数据处理流程和基本方法;认识到相关测量设备的局限性	2	课堂讲授	目标 1

表 1-9(续)

序号	教学内容	学生学习 预期成果	课内 学时	教学方式	支撑 课程目标
2	海洋基本知识: (1) 海洋; (2) 海底地貌特征; (3) 海水特性; (4) 海洋资源; (5) 海洋法基本知识	使学生了解和认识到海洋基本知识、海洋测量相关产业政策和法律法规,同时,理解不同社会文化对海洋测量及相关工程活动的影响	4	课堂讲授	目标 2
3	海洋定位测量: (1) 海洋定位测量概述; (2) 位置线交会定位原理; (3) 卫星定位; (4) 水下声学定位; (5) 海洋定位测量坐标系统。 课程思政元素:通过北斗卫星定位系统,使学生深刻了解大国工匠精神和新时代北斗精神	利用学习的海洋定位测量原理和方法,针对复杂的海洋环境,通过分析和判断,合理选择适当的定位测量技术和仪器设备,同时,理解不同社会文化对海洋测量及相关工程活动的影响	8	课堂讲授、实验	目标 2
4	水深测量: (1) 回声测深仪; (2) 海水中声波传播特性及声速测定; (3) 单波束测深技术及水深改正; (4) 水深测量归算; (5) 水深测量系统介绍。 课程思政元素:通过水深测量相关设备讲授,使学生认识到海洋强国战略实施,必须实现设备国产化,强调科技创新	通过学习多种水深测量技术和海洋定位技术,能够使用现代海洋测绘仪器和相关数据处理软件完成海洋测绘数据采集、数据处理与精度分析	12	课堂讲授、实验	目标 2、目标 3
5	海底地形测量: (1) 海图基本知识; (2) 海底地形测量; (3) 航行障碍物测定及扫海测量; (4) 海底地形成图。 课程思政元素:使学生认识到海底地形在海洋国土划界中的重要作用,增强国土意识,提升爱国热情		6	课堂讲授、实验	目标 2、目标 3

1.3.4　课程考核

课程考核见表 1-10。

表 1-10　海洋测量课程考核

<table>
<tr><th rowspan="2">序号</th><th rowspan="2">课程目标
（支撑毕业要求指标点）</th><th rowspan="2">考核内容</th><th colspan="2">评价依据</th><th rowspan="2">成绩比例/%</th></tr>
<tr><th>平时表现</th><th>考试</th></tr>
<tr><td>1</td><td>目标 1：了解海洋测量在仪器、技术和理论、数据处理软件方面的发展历程、现状及前景，针对具体海洋测量活动理解不同测量设备的局限性（支撑毕业要求指标点 5-1）</td><td>考核学生对海洋测绘的发展历程、现状及前景的了解及海洋测量相关设备适用的条件</td><td rowspan="3">主要考核学生在课堂回答问题表现、课后作业完成情况、课堂讨论情况、实验课表现、实验报告成绩、团结协作、课堂纪律等</td><td rowspan="3">闭卷考试</td><td>30</td></tr>
<tr><td>2</td><td>目标 2：掌握海洋定位测量、单波束测深、多波束测深以及海底地形测量的基本原理和方法，了解海洋测量相关技术标准体系、知识产权、产业政策和法律法规；针对复杂的海底地形条件，通过分析和判断，合理选择适当的水深测量技术和仪器设备，实现高效的海底地形测量方案；同时，理解不同社会文化对海洋测量及相关工程活动的影响（支撑毕业要求指标点 6-1）</td><td>（1）考核学生掌握信标差分定位理论和知识，熟悉水下声学定位的基本原理和方法的程度；
（2）考核学生掌握单波束测深、多波束测深以及海底地形测量的基本原理和方法的程度，针对复杂的海底地形条件，通过分析和判断，是否具有合理选择适当的水深测量技术和仪器设备，解决复杂海洋测绘工程问题的能力</td><td>40</td></tr>
<tr><td>3</td><td>目标 3：掌握海洋测量几种设备的使用方法，通过实验及实践，能够在海洋测量相关海洋调查活动中胜任多学科团队中的组织管理角色，具备组织、协调和指挥团队开展工作的能力和意识（支撑毕业要求指标点 9-3）</td><td>考核学生掌握单波束、多波束、GPS 信标机等相关海洋测量现代设备的使用方法的程度，培养学生的团队合作意识</td><td>30</td></tr>
<tr><td colspan="3">合计</td><td>50</td><td>50</td><td>100</td></tr>
</table>

注：各类考核评价的具体评分标准见表 1-11。

1.3.5 教材及参考资料

（1）教材：

周立.海洋测量学[M].北京：科学出版社，2013.

（2）参考书：

① 刘雁春，肖付民，暴景阳，等.海道测量学概论[M].北京：测绘出版社，2006.

② 赵建虎.现代海洋测绘：上册[M].武汉：武汉大学出版社，2007.

③ 杨鲲，吴永亭，赵铁虎，等.海洋调查技术及应用[M].武汉：武汉大学出版社，2009.

④ 赵建虎，刘经南.多波束测深及图像数据处理[M].武汉：武汉大学出版社，2008.

⑤ 张红梅，赵建虎，杨鲲，等.水下导航定位技术[M].武汉：武汉大学出版社，2010.

1.3.6 教学条件

课程实施需多媒体教室，并且需要具备讲师资格，具有海洋测绘学习及研究经验，建议有出国经历或高级职称的教师讲授本门课程。

各类考核评分标准见表1-11。

表1-11 海洋测量课程考核评分标准

教学目标要求	评分标准				权重/%
	90～100分	80～89分	60～79分	0～59分	
目标1：了解海洋测量在仪器、技术和理论、数据处理软件方面的发展历程、现状及前景，针对具体海洋测量活动理解不同测量设备的局限性（支撑毕业要求指标点5-1）	完全掌握海洋测量在仪器、技术和理论、数据处理软件方面的发展历程、现状及前景，针对具体海洋测量活动完全理解测量设备的局限性	掌握海洋测量在仪器、技术和理论、数据处理软件方面的发展历程、现状及前景，针对具体海洋测量活动理解测量设备的局限性	了解海洋测量在仪器、技术和理论、数据处理软件方面的发展历程、现状及前景，针对具体海洋测量活动较好理解测量设备的局限性	尚未全面了解海洋测量在仪器、技术和理论、数据处理软件方面的发展历程、现状及前景，针对具体海洋测量活动尚未很好理解测量设备的局限性	30

表 1-11(续)

教学目标要求	评分标准				权重/%
	90～100分	80～89分	60～79分	0～59分	
目标 2:掌握海洋定位测量、单波束测深、多波束测深以及海底地形测量的基本原理和方法,了解海洋测量相关技术标准体系、知识产权、产业政策和法律法规;针对复杂的海底地形条件,通过分析和判断,合理选择适当的水深测量技术和仪器设备,实现高效的海底地形测量方案;同时,理解不同社会文化对海洋测量及相关工程活动的影响(支撑毕业要求指标点6-1)	完全掌握海洋定位测量、单波束测深、多波束测深以及海底地形测量的基本原理和方法,了解海洋测量相关技术标准体系、知识产权、产业政策和法律法规;针对复杂的海底地形条件,通过分析和判断,合理选择适当的水深测量技术和仪器设备,实现高效的海底地形测量方案;理解不同社会文化对海洋测量及相关工程活动的影响	掌握海洋定位测量、单波束测深、多波束测深以及海底地形测量的基本原理和方法,了解海洋测量相关技术标准体系、知识产权、产业政策和法律法规;针对复杂的海底地形条件,通过分析和判断,合理选择适当的水深测量技术和仪器设备,实现高效的海底地形测量方案;理解不同社会文化对海洋测量及相关工程活动的影响	了解海洋定位测量、单波束测深、多波束测深以及海底地形测量的基本原理和方法,了解海洋测量相关技术标准体系、知识产权、产业政策和法律法规;针对复杂的海底地形条件,通过分析和判断,合理选择适当的水深测量技术和仪器设备,实现高效的海底地形测量方案;理解不同社会文化对海洋测量及相关工程活动的影响	不了解海洋定位测量、单波束测深、多波束测深以及海底地形测量的基本原理和方法,尚未完全了解海洋测量相关技术标准体系、知识产权、产业政策和法律法规;针对复杂的海底地形条件,通过分析和判断,合理选择适当的水深测量技术和仪器设备,实现高效的海底地形测量方案;尚未理解不同社会文化对海洋测量及相关工程活动的影响	40
目标 3:掌握海洋测量几种设备的使用方法,通过实验及实践,能够在海洋测量相关海洋调查活动中胜任多学科团队中的组织管理角色,具备组织、协调和指挥团队开展工作的能力和意识(支撑毕业要求指标点 9-3)	完全掌握海洋测量几种设备的使用方法,通过实验及实践,能够在海洋测量相关海洋调查活动中胜任多学科团队中的组织管理角色,具备组织、协调和指挥团队开展工作的能力和意识	掌握海洋测量几种设备的使用方法,通过实验及实践,能够在海洋测量相关海洋调查活动中胜任多学科团队中的组织管理角色,具备组织、协调和指挥团队开展工作的能力和意识	了解海洋测量几种设备的使用方法,通过实验及实践,能够在海洋测量相关海洋调查活动中胜任多学科团队中的组织管理角色,具备组织、协调和指挥团队开展工作的能力和意识	尚未完全了解海洋测量几种设备的使用方法,通过实验及实践,尚不能在海洋测量相关海洋调查活动中胜任多学科团队中的组织管理角色,尚未具备组织、协调和指挥团队开展工作的能力和意识	30

注:评分标准的分数段划分可以根据课程需要自行设计。

1.4 海洋测量课程实验教学大纲

1.4.1 课程基本信息

课程实验教学基本信息见表1-12。

表1-12 海洋测量课程实验教学基本信息

<table>
<tr><td rowspan="2">课程名称</td><td colspan="3">（中文）海洋测量</td></tr>
<tr><td colspan="3">（英文）Marine Surveying</td></tr>
<tr><td>课程代码</td><td>2107030050</td><td>课程性质</td><td>（必修）</td></tr>
<tr><td>开课学院</td><td>海洋技术与测绘学院</td><td>课程负责人</td><td>王晓</td></tr>
<tr><td>课程团队</td><td colspan="3">王晓、孙佳龙、冯成凯</td></tr>
<tr><td>授课学期</td><td>6</td><td>实验学时</td><td>8</td></tr>
<tr><td>适用专业</td><td colspan="3">本二测绘工程专业、地理信息科学专业</td></tr>
<tr><td>对先修课程的要求</td><td colspan="3">海洋测量(2107030050)，数字地形测量学B(2107010301)，数字地形测量学实习A(2107010311)</td></tr>
<tr><td>对课程的支撑</td><td colspan="3">对后续学生进行毕业实习与设计(论文)提供海洋测量相关素材选择、数据处理能力及实践素质</td></tr>
<tr><td>课程任务及
能力培养</td><td colspan="3">(1) 熟悉单波束数据处理软件，完成水深测量数据处理。培养学生进行软件操作的能力。
(2) 掌握GPS信标机的使用，完成实验报告。培养学生进行海上定位测量的能力。
(3) 掌握单波束测深技术，完成实验报告。培养学生分析和解决海洋测量问题的能力</td></tr>
</table>

1.4.2 实验教学目标及对毕业要求指标点的支撑

实验教学目标及对毕业要求指标点的支撑见表1-13。

表1-13 海洋测量实验教学目标及对毕业要求指标点的支撑

序号	实验教学目标	支撑毕业要求指标点	毕业要求
1	目标3:掌握海洋测量几种设备的使用方法，通过实验及实践，能够在海洋测量相关海洋调查活动中胜任多学科团队中的组织管理角色，具备组织、协调和指挥团队开展工作的能力和意识(支撑毕业要求指标点9-3)	9-3 能够胜任多学科团队中的组织管理角色，具备组织、协调和指挥团队开展工作的能力	9. 个人和团队

1.4.3　实验项目名称和学时分配

实验项目名称和学时分配见表1-14。

表1-14　海洋测量实验项目名称和学时分配

序号	实验项目名称	实验学时	实验要求	实验类型	每组人数	对应实验教学目标
1	实验一　GPS信标机的使用和定位测量	2	必修	综合性	5～6	目标3
2	实验二　测深仪的认识与使用	4	必修	综合性	5～6	目标3
3	实验三　水深测量软件的认识与使用	2	必修	综合性	5～6	目标3

1.4.4　实验教学的基本要求、重点、难点

通过实验，掌握GPS信标机设备操作、单波束设备操作，掌握单波束数据处理流程及软件操作，能够进行各类改正并得到实验结果。实验教学的基本要求、重点、难点具体见表1-15。

表1-15　海洋测量实验教学的基本要求、重点、难点

序号	实验项目名称	基本要求	重点	难点
1	实验一　GPS信标机的使用和定位测量	通过本实验，学生应熟练掌握GPS信标机设备操作	GPS信标机设备操作	GPS信标机设备操作
2	实验二　测深仪的认识与使用	通过本实验，学生应熟练掌握单波束设备操作	单波束设备操作	单波束设备操作
3	实验三　水深测量软件的认识与使用	通过本实验，学生应熟练掌握单波束数据处理流程和软件操作	单波束数据处理	单波束数据处理

1.4.5　实验课程的考核

（1）结合出勤情况、设备操作、数据处理软件操作，检查实验结果，评阅实验报告进行考核。实验报告内容包括数据采集、数据处理及实验结果等。实验报告要求格式规范。

（2）实验考核成绩根据实验结果、实验报告几部分综合评定。实验课成绩约占课程总成绩的10%。

实验各组成分数与实验教学目标的对应关系见表1-16。

表 1-16　实验各组成分数与实验教学目标的对应关系

序号	考核/评价环节	占比/%	考核/评价细则	对应实验教学目标
1	数据采集	40	规范(80～100 分) 一般(60～79 分) 不合理(0～59 分)	3
2	数据处理	30	规范(80～100 分) 一般(60～79 分) 不合理(0～59 分)	3
3	实验报告	30	规范(80～100 分) 一般(60～79 分) 不合理(0～59 分)	3
合计		100		

第 2 章　海洋测量课程实施案例

2.1　混合教学案例

海洋测量课程践行 CDIO 工程教育理念，以“项目驱动”(Project-driven)作为教学和学习的内在动力，以“对分课堂”(PAD Class)作为课堂教学形式，利用 CPP(CDIO、Project-driven 和 PAD Class)模式对课程进行了教学实践，采用线上线下学习相结合、虚拟仿真与实验实训相结合、理论知识与工程实践相结合、课堂学习与社团研讨相结合的方式，增强了学生学习兴趣，全方位提高了学生的综合素质和能力，与学校培养应用创新型人才的目标相契合(孙佳龙 等，2019)，如图 2-1 所示。

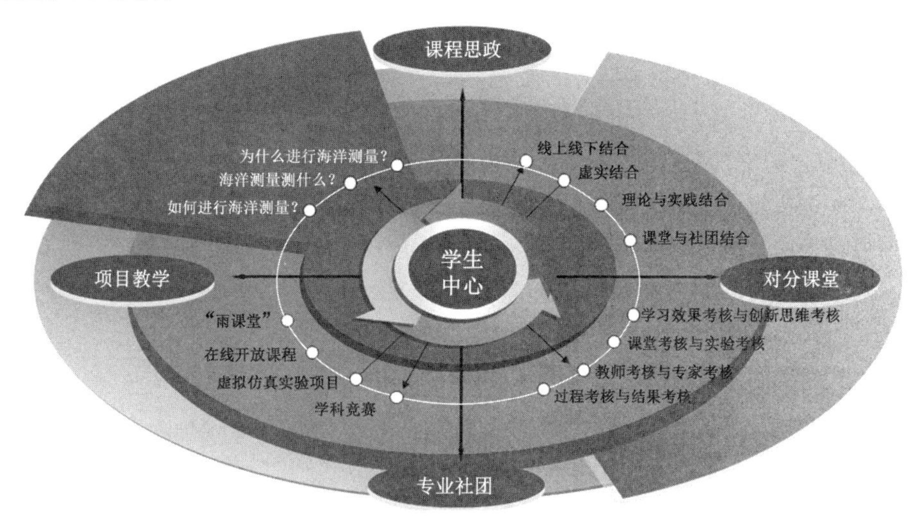

图 2-1　CPP 模式的教学实践体系

在具体教学实践中，海洋测量课程通过网络资源，让学生在课前充分了解本节课的相关内容，通过自学方式，掌握课程基本内容。而在课堂教学中，教师的作用已经不再是按部就班地讲授规定教学内容，仅仅是将难以理解的地方加以解释和分析。在课堂上,教师更重要的是采用诱发、引导和展现等教学方式和手段,启发学生思考,将各个模块的发展现状和存在问题提出来,让学生阐述自己的观点和思路,从而将更多的课堂时间交给学生。教学过程如图 2-2 所示。

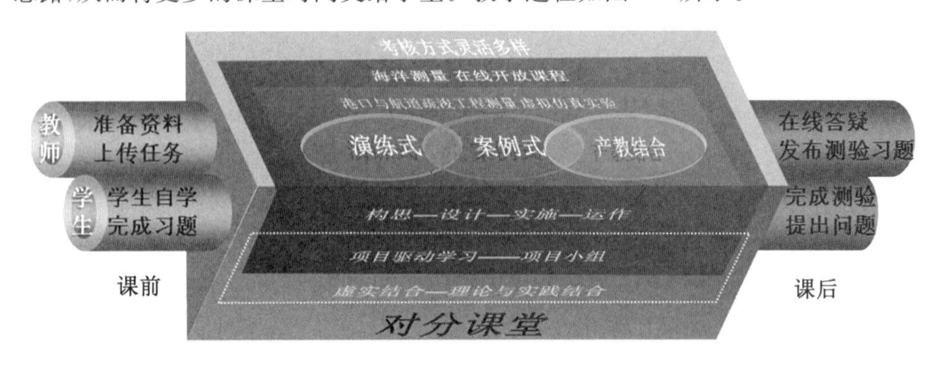

图 2-2　教学设计整体思路

在教学中,我们利用信息化手段开展教学活动,主要包括使用江苏海洋大学课程在线教学平台(http://hhit.fanya.chaoxing.com/portal)、测绘地理信息虚拟仿真实验室(http://39.101.193.101/)以及“雨课堂”等智慧工具进行签到、练习、测验和讨论等。下面以海洋测量课程第二章第二节“海洋水文测量”为例,进行教学过程的实践。

2.1.1　教学内容基本信息

2.1.1.1　教学目标

(1) 知识培养目标:

① 学生能够了解海水温度测定原理;

② 学生能够了解海水盐度测定原理;

③ 学生能够了解海流测定原理。

(2) 能力培养目标:

① 学生能够掌握海水温度测定方法;

② 学生能够掌握海水盐度测定方法;

③ 学生能够熟悉海流测定方法。

(3) 素质培养目标:

① 学生能够树立关心海洋、热爱海洋的意识;

② 学生能够树立保护海洋生态环境的意识。

(4) 课程思政目标:

海洋强国战略需要我们更加深入地认识海洋、了解海洋、开发海洋和保护海洋。

2.1.1.2　教学重点

海洋水文测量的教学重点是海流测定方法。

2.1.1.3　教学难点

海洋水文测量的教学难点是海水盐度测定方法。

2.1.1.4　线上与线下教学内容分配

海洋水文测量线上与线下教学内容分配见图 2-3。

图 2-3　线上与线下教学内容分配

2.1.2　不同阶段的教学内容分配

根据课前、课中和课后的不同学习阶段，结合现有的线上和线下教学资源，对相关教学内容和教学环节进行了设计，如图 2-4 所示。

图 2-4　海洋水文测量教学设计与实施路径图

2.1.2.1 课前

(1) 线上：

① 课前辅导：上课前，向学生进行在线开放课程和虚拟仿真实验课程的使用说明，对本章学习的内容提出要求，并指导学生如何学习。

② 知识拓展：在设计线上课程时注重海洋水文测量技术的最新技术进展和前沿知识，特别是不断更新海流测量技术发展，将 ADCP 设备的发展历程加入课程教学，阐述我国国产 ADCP 的现状，鼓励学生积极投入到海洋测量设备的研发和推广应用上。另外，教师在课前将与水文测量技术相关的网页、图书、视频等知识资源传至线上平台，供学生查阅学习，拓宽学生学习途径，丰富学习资源(图 2-5)。

图 2-5 海洋水文测量课外知识链接

③ 课前测验:针对课前布置的水文测量技术相关的网页、图书、视频等知识资源,以及一些海流测量技术最新进展,组织学生在课前进行相关讨论(图 2-6)。然后,在此基础上,进行主观题和客观题的问答和测验,如图 2-7 和图 2-8 所示。

图 2-6　海洋水文测量课下讨论

(2) 线下:

① 制作课外作品。学生根据教师提供的信息,积极思考,制作相关科技作品,并准备汇报 PPT(图 2-9)。

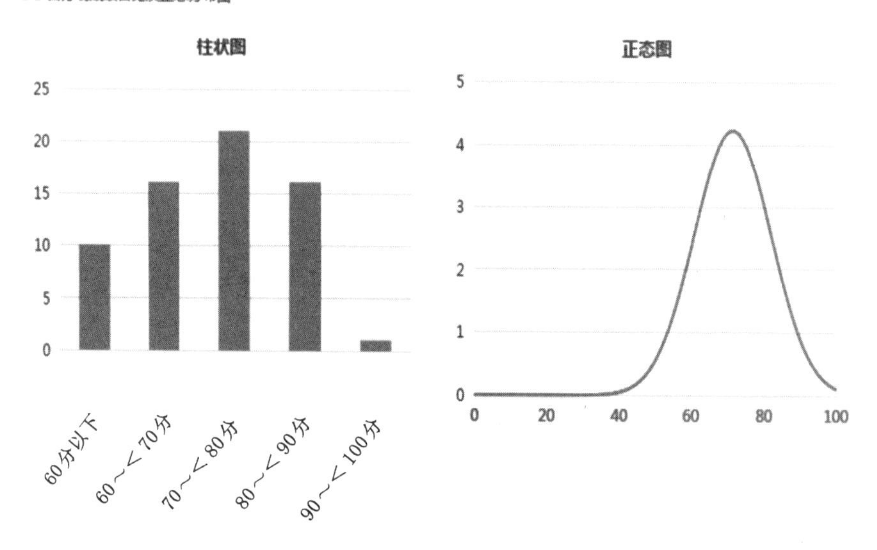

最高分	最低分	考试人数	平均分	标准差	难度	区分度	信度	得分率
94	52	64	71.4531	10.5844	0.7145	0.1759	0.3998	71.4531%

图 2-7　海洋水文测量课前测验

② 修改课外作品。学生通过分组讨论,积极研讨,通过交流 PPT,进一步改进思路,见图 2-10、图 2-11。

2.1.2.2　课中

(1) 线上:利用超星平台中的海洋测量在线开放课程资源,进行课堂签到、讨论、测验等环节,调动学生学习的主动性和积极性(图 2-12、图 2-13)。

(2) 线下:

① 分组汇报成果:以学生为中心,随机检验学生学习效果和作品质量,通过分组汇报的形式,利用学生互评和教师点评的方式,督促学生提高学习质量,并引导学生积极表达思想,提高学生发现和解决问题的能力,见图 2-14。

② 教师点评:教师根据学生线下学习效果和课堂测验情况,对学生课堂上汇报的 PPT 进行评价,并对下一步需要改进的地方进行总结,启发学生深入思考(图 2-15)。

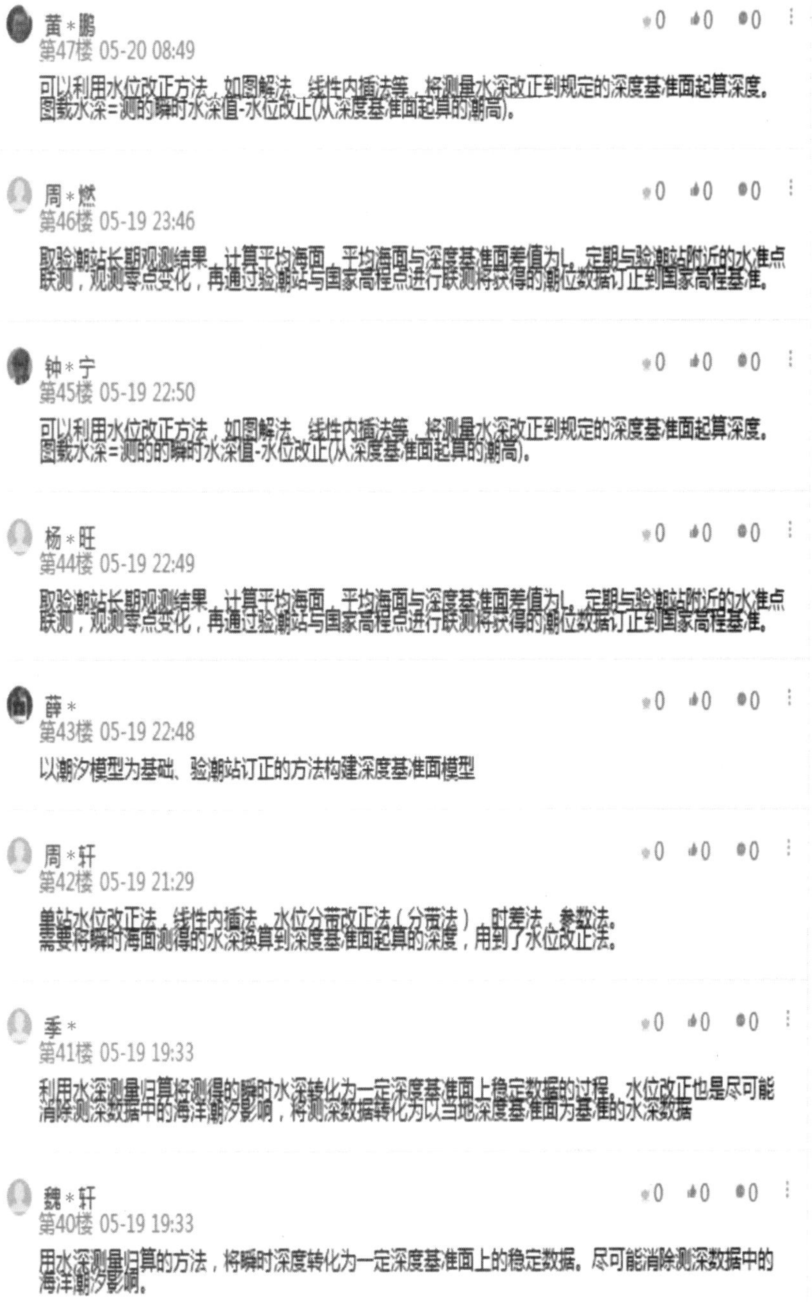

黄*鹏　　0　0　0
第47楼 05-20 08:49
可以利用水位改正方法，如图解法、线性内插法等，将测量水深改正到规定的深度基准面起算深度。
图载水深=测的瞬时水深值-水位改正(从深度基准面起算的潮高)。

周*燃　　0　0　0
第46楼 05-19 23:46
取验潮站长期观测结果，计算平均海面，平均海面与深度基准面差值为L。定期与验潮站附近的水准点联测，观测零点变化，再通过验潮站与国家高程点进行联测将获得的潮位数据订正到国家高程基准。

钟*宁　　0　0　0
第45楼 05-19 22:50
可以利用水位改正方法，如图解法、线性内插法等，将测量水深改正到规定的深度基准面起算深度。
图载水深=测的的瞬时水深值-水位改正(从深度基准面起算的潮高)。

杨*旺　　0　0　0
第44楼 05-19 22:49
取验潮站长期观测结果，计算平均海面，平均海面与深度基准面差值为L。定期与验潮站附近的水准点联测，观测零点变化，再通过验潮站与国家高程点进行联测将获得的潮位数据订正到国家高程基准。

薛*　　0　0　0
第43楼 05-19 22:48
以潮汐模型为基础、验潮站订正的方法构建深度基准面模型

周*轩　　0　0　0
第42楼 05-19 21:29
单站水位改正法，线性内插法，水位分带改正法（分带法），时差法，参数法。
需要将瞬时海面测得的水深换算到深度基准面起算的深度，用到了水位改正法。

季*　　0　0　0
第41楼 05-19 19:33
利用水深测量归算将测得的瞬时水深转化为一定深度基准面上稳定数据的过程。水位改正也是尽可能消除测深数据中的海洋潮汐影响，将测深数据转化为以当地深度基准面为基准的水深数据

魏*轩　　0　0　0
第40楼 05-19 19:33
用水深测量归算的方法，将瞬时深度转化为一定深度基准面上的稳定数据。尽可能消除测深数据中的海洋潮汐影响。

图 2-8　海洋水文测量主观题讨论

孙＊龙 04-15 07:31 已结束 阅读 54

海洋创新文化设计，你有何思路和想法？

共 **36** 条话题

武＊

第35楼 05-20 10:12

如今海洋污染严重，我们要保护环境

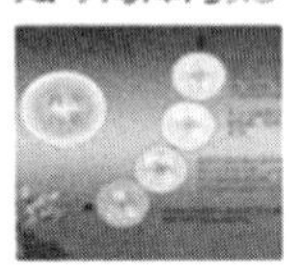

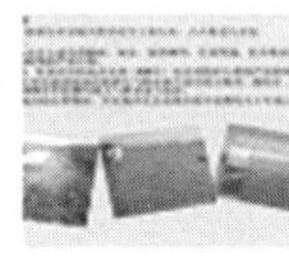

董＊鹏

第34楼 05-20 08:51

保护海洋环境

钟＊宁

第33楼 05-19 22:50

保护海洋

周＊幸

第32楼 05-19 21:33

加强海洋文化保护意识

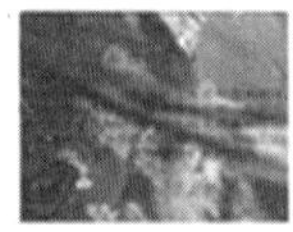
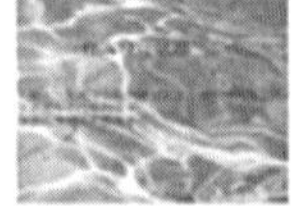
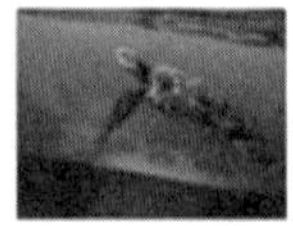

图 2-9　学生积极思考

图 2-10　学生分组讨论

图 2-11　学生利用 PPT 展示成果

签到 04-23 07:56

手势　已签 64　未签 1

毛*圆 04-23 08:09	陈* 04-23 08:03
周*轩 04-23 08:03	徐* 04-23 08:02
张*雨 04-23 08:02	季* 04-23 08:01
施* 04-23 08:01	杨*旺 04-23 08:00
薛* 04-23 08:00	王*营 04-23 08:00
娄*龙 04-23 08:00	王* 04-23 08:00
冯* 04-23 07:59	张*锋 04-23 07:59
钟*宁 04-23 07:59	王*洋 04-23 07:59
张* 04-23 07:59	徐*宇 04-23 07:59
殷*建 04-23 07:59	李*莲 04-23 07:58
高*涵 04-23 07:58	武* 04-23 07:58
顾*焕 04-23 07:58	祝*超 04-23 07:58
陈*浩 04-23 07:58	黄*鹏 04-23 07:57
王* 04-23 07:57	张*迪 04-23 07:57
宋*豪 04-23 07:57	潘*荣 04-23 07:57
唐*智 04-23 07:57	周*燃 04-23 07:57
杜*	陈*

图 2-12　学生签到

孙佳龙
2020-03-30 15:24

置顶 测绘工程专业学生在海洋强国战略中贡献哪些力量？

宋*豪
05-21 11:26

要发展海洋强国战略不仅需要国家去统一规划，还需要我们测绘工程的进一步发展，作为一名测绘工程专业的学生，我深切感受到海洋强国战略是时代赋予我们每个人的使命，学好海洋测绘，并在此基础上探求海洋测绘的发展是我们的首要目标。

高*涵
05-21 08:48

要发展海洋强国战略不仅需要国家去统一规划，还需要我们测绘工程的进一步发展，作为一名测绘工程专业的学生，我深切感受到海洋强国战略是时代赋予我们每个人的使命

万*辰
05-20 11:54

作为一名测绘专业的学生，我们有责任为海洋强国战略贡献出自己的一份力量。测绘是一门研究地球形状的学科，而当今海洋对于我们来说还有许多可以探索的地方，正是用武之地。测绘作为任何大型工程之前的必要工作，对于现在和未来的工程发展有着最基础的作用，是为以后所有的海洋发展奠定基础的工作。对于海洋，我们也需要进行相应的测量工作，我们可以从事相关海洋测绘的工作，帮助构建海洋网络，从而为更丰富的海洋工作奠定坚实的基础。

图 2-13　学生参与课堂讨论

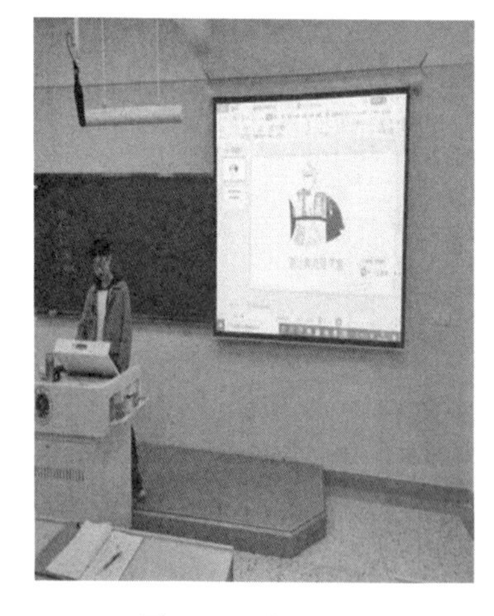

图 2-14　学生汇报

图 2-15　教师点评

2.1.2.3　课后

(1) 线上：

① 撰写课后小结：通过课前练习、课中讲解、讨论、测验等环节，学生对水文测量的基本内容已基本掌握，通过课后撰写小结，能够再次梳理一遍学习过程和学习效果，总结经验，为下一次课做好准备(图 2-16)。

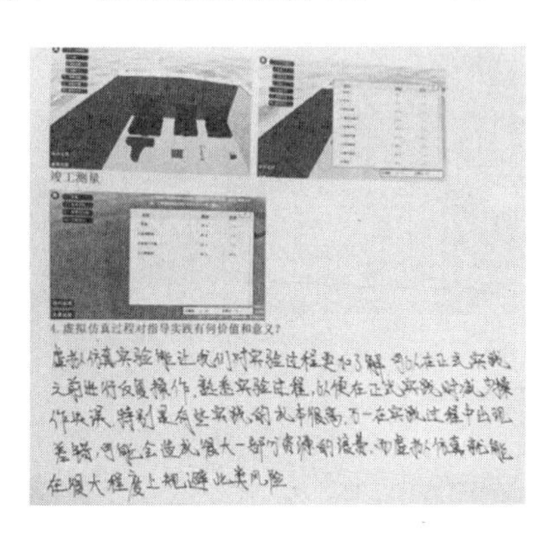

图 2-16　学生撰写小结

② 在线虚拟仿真实验项目：利用虚拟仿真实验项目，模拟仿真 ADCP 设备的安装校准过程、设备在测量前的仪器参数设置、在测量过程中的测线布设以及在测量过程中如何进行质量检查等内容，让学生利用软件即能实现身处大海进行测量的感觉，提高实操水平(图 2-17、图 2-18)。

图 2-17　港口与航道疏浚工程测量虚拟仿真软件

图 2-18　学生操作虚拟仿真软件

(2) 线下：

学生根据掌握的知识和技能，到校内实践基地进行实践锻炼，尝试设备安装及实际测量工作，将线上学习到的内容在实践中加以应用，并撰写总结报告，对课程的学习进行反思和总结(图 2-19)。

水深测量软件的认识与使用

1. 水深测量软件有哪些？分别有何功能？

BlueSounder：与测深仪配合测量水深

[illegible]

2. 水深数据采集软件需要调整或修改哪些参数？

BlueSounder：[illegible]

GPS：COM2，波特率19200　测深仪：COM5，波特率38400

3. 导航软件包括哪些功能？需要注意哪些事项？

[illegible] 定位和水深测量功能。

注意：[illegible] RTK [illegible] NMEA [illegible]

图 2-19　学生实践及撰写总结报告

学生依托江苏海洋大学海洋工程技术研究中心(图 2-20)、连云港港口控股集团和江苏海洋大学共建的国家级大学生校外实践教育基地、黄海近岸海域生态系统响应实验平台(图 2-21)等实验实训基地和平台,开展相关实践训练。

图 2-20 江苏海洋大学海洋工程技术研究中心

图 2-21 黄海近岸海域生态系统响应实验平台

以上是海洋测量课程第二章第二节“海洋水文测量”授课的教学过程。

江苏海洋大学海洋测量课程组将 CDIO 理念、“项目驱动”和“对分课堂”模式进行融合的 CPP 教学模式应用到海洋测量课程的教学中,打破“教”“学”界线,增强学生学习能力;以项目驱动学习,提高学生自学能力;强化“对分课堂”教学模式,提高学生综合素质;模拟工作环境,提高学生实践能力。

将海洋测量在线开放课程资源、港口与航道疏浚工程测量虚拟仿真实验项目等信息化技术融入课堂教学,让学生在课下能够利用充分的教学资源进行自主学习;在课程教学中,以学科竞赛为载体,将课程学习成果融入竞赛作品,培养学生创新能力。

2.2 软件开发案例

2.2.1 多波束测深系统误差分析

多波束测深系统在进行海底地形地貌测绘时,海洋环境的复杂性与人为操作失误或仪器自身的噪声都影响着水深数据的精度。且多波束测深系统是由多个辅助设备集成的系统,每个辅助设备参数设置对多波束水深数据的质量都十分重要。在多波束系统工作之前就设置好相应的改正参数,才能提高多波束数据的质量,获取质量高、精度优的三维海底地形图。多波束测深系统的数据改正主要有声速剖面改正、测量船姿态改正、换能器的吃水改正、潮位面改正、时延等等,对这些误差进行相应的分析并模拟多波束测深数据,通过各项误差改正讨论其对多波束测深的影响(肖波 等,2012)。

2.2.1.1 姿态对多波束测深数据的影响

测量船在海上航行时,理论情况下多波束换能器的波束断面应该与水面平行、与航向正交。而实际上海水受到了风力、温度、地球自转等因素影响,使得海水表面一直处于一个运动的状态,测量船受到影响后换能器的位置会发生瞬时的偏差,使得 Ping 断面并不完全与航向垂直,而是存在一个很小的夹角,或者同航向的正交方向之间存在一个夹角。在这种情况下并不能够反映出波束脚印的真实位置,从而使绘制的海底地形图精度降低(刘毅 等,2015)。因此必须分析换能器瞬时发生的位置偏移并进行改正,分析其偏移对多波束脚印位置的改正量对于提高多波束测量精度有着重要的意义。

船体的姿态主要分析了航偏角 h、横摇角 r 和纵摇角 p 3 个姿态参数对多波束测深数据的影响。波束脚印在船体坐标系下的坐标为:

$$\begin{aligned} X &= R\cos r\sin p + x \\ Y &= R\sin r + y \\ Z &= R\cos r\sin p + R \end{aligned} \tag{2-1}$$

式中 (x, y, z)——换能器坐标系下的波束脚印坐标;

R——水深;

r, p——横、纵摇测量角度。

(1) 航偏角的偏移,主要是由于各种环境因素的影响,使得船航行的方向并不完全与测线方向保持相同,及对 z 轴在水平面上产生 h 角扭动,该 h 角在船体坐标系下对波束脚印的位置会产生较小的影响,如图 2-22 所示。但如果将船体坐标系转换成当地坐标系统，则会产生一个角度使坐标系的旋转角度发生变化，在当地坐标系统下航偏角误差 Δh 对波束脚印的影响如下：

$$\begin{bmatrix} x \\ y \\ z \end{bmatrix}_{\text{LLS}} = \begin{bmatrix} \cos(A_0+h) & \sin(A_0+h) & 0 \\ -\sin(A_0+h) & \cos(A_0+h) & 0 \\ 0 & 0 & 1 \end{bmatrix} = \begin{bmatrix} 0 \\ R\sin\phi \\ R\cos\phi \end{bmatrix} \tag{2-2}$$

$$\begin{bmatrix} \mathrm{d}x \\ \mathrm{d}y \\ \mathrm{d}z \end{bmatrix}_{\text{LLS}} = \begin{bmatrix} R\sin\phi\sin\Delta h \\ R\sin\phi\cos\Delta h - R\sin\phi \\ R\cos\phi - R\cos\phi \end{bmatrix} = \begin{bmatrix} D\tan\phi\Delta h \\ D\tan\phi\Delta h^2/2 \\ 0 \end{bmatrix} \tag{2-3}$$

式中　LLS——当地坐标系；

D——深度，$D=R\cos\phi$；

A_0——计划航向；

A_0+h——实际航向；

ϕ——$\phi=\theta+r$，θ 为波束发射角度。

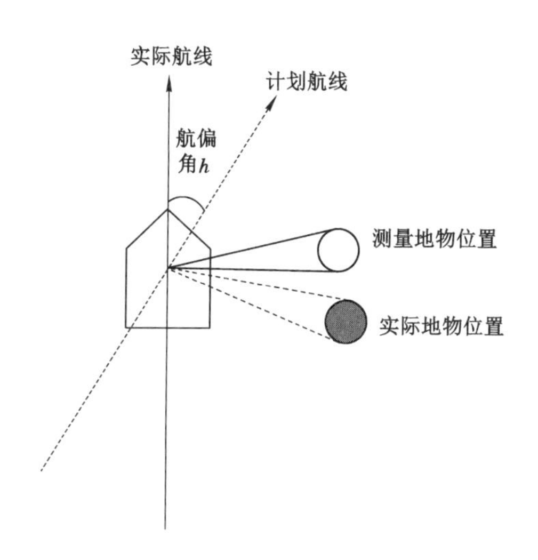

图 2-22　航偏角示意图

（2）关于横摇角 r 对多波束测深数据的影响。当换能器绕 x 轴在 zoy 面上旋转一个角度 r，其横摇使得断面图发生如图 2-23 所示变化（图中虚线为理想测量断面，实线为实际测量断面）。当换能器发生横摇时，波束发射角度 θ 就发生了变化，即 $\phi=\theta+r$，则每个波束脚印在 VFS（船体坐标系）下的坐标以及 r 的测量误差 dr 对坐标影响如下：

$$\begin{bmatrix} x \\ y \\ z \end{bmatrix}_{\mathrm{VFS}} = \begin{bmatrix} 0 \\ R\sin(\theta+r) \\ R\cos(\theta+r) \end{bmatrix} = \begin{bmatrix} 0 \\ R\sin\phi \\ R\cos\phi \end{bmatrix} \tag{2-4}$$

$$\begin{bmatrix} \mathrm{d}x \\ \mathrm{d}y \\ \mathrm{d}z \end{bmatrix}_{\mathrm{VFS}} = \begin{bmatrix} 0 \\ R\cos(\theta+r)\mathrm{d}r \\ -R\sin(\theta+r)\mathrm{d}r \end{bmatrix} = \begin{bmatrix} 0 \\ D\mathrm{d}r \\ -D\tan\phi\,\mathrm{d}r \end{bmatrix} \tag{2-5}$$

式中，$D=R\cos(\theta+r)$。

由上式可以看出，当换能器产生横摇误差时，只对 y 轴、z 轴产生影响。

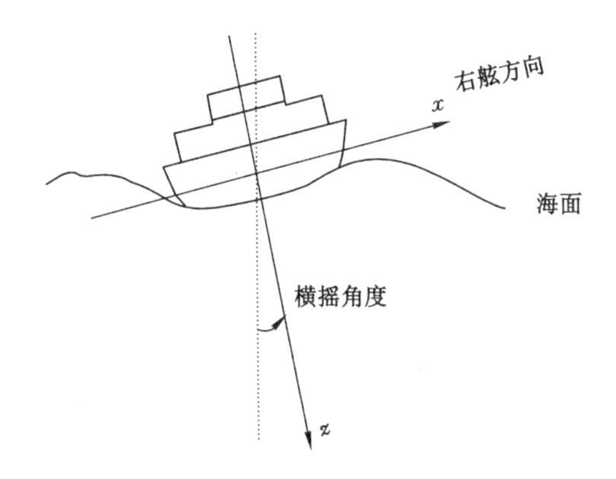

图 2-23　横摇示意图

(3) 多波束测深实际工作中，一般情况下会在海面较为平稳时进行测量，所以测量船纵摇不是特别的明显。在测量船加速或者减速的时候，其纵摇变化最大，当达到一定程度时，会迅速减小，直到测量船恢复平稳状态；当测量船匀速前进时，其纵摇的幅度较小且相对稳定。

关于纵摇角 p 对多波束测深数据的影响，换能器发生纵摇时会绕 y 轴在 xoz 面内旋转，即会产生一个 p 角(顺时转动为负，逆时针转动为正)。纵摇引起的断面变化如图 2-24 所示(图中虚线为理想测量断面，实线为实测断面)，即理想断面与实测断面之间会由一个角度 p 形成一个二面角。则波束在 VFS 下的坐标以及 p 的测量误差 $\mathrm{d}p$ 对坐标的影响如下：

$$\begin{bmatrix} x \\ y \\ z \end{bmatrix}_{\mathrm{VFS}} = \begin{bmatrix} \cos p & 0 & \sin p \\ 0 & 1 & 0 \\ -\sin p & 0 & \cos p \end{bmatrix} \begin{bmatrix} x' \\ y' \\ z' \end{bmatrix} = \begin{bmatrix} R\cos\phi\sin p \\ R\sin\phi \\ R\cos\phi\cos p \end{bmatrix} \tag{2-6}$$

$$\begin{bmatrix} dx \\ dy \\ dz \end{bmatrix}_{VFS} = \begin{bmatrix} R\cos\phi\cos p\,dp \\ 0 \\ -R\cos\phi\sin p\,dp \end{bmatrix}_{VFS} = \begin{bmatrix} D\,dp \\ 0 \\ -D\tan p\,dp \end{bmatrix} \tag{2-7}$$

式中，$D=R\cos\phi\cos p$。

从式(2-7)能够看出，纵摇测量误差只对 x 轴和 z 轴有影响。

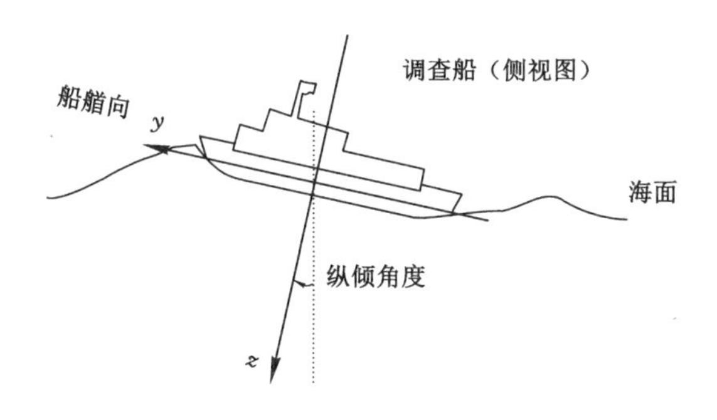

图 2-24　纵摇示意图

2.2.1.2　换能器吃水对多波束数据的影响

多波束测深系统换能器的安装位置，一般情况下为测量船的底部或者侧面，在实际工作中对换能器的吃水深度进行量取(即换能器发射面位置到海水面的距离)。换能器吃水深度主要分为静态吃水和动态吃水两个方面。

静态吃水为测量船静止时换能器发射面到海水面的距离。对于换能器的静态吃水的量取方法为测量船停靠在码头附近，尽量避免受到风浪影响。当换能器安装在侧面时，直接利用钢尺量取。换能器吃水量取次数根据工作时间的长短确定，一般当工作时间较短时即在工作前、后各量取一次；当工作时间较长时应该在工作前、工作中和工作后各量取一次，然后利用曲线拟合量取的吃水距离，从而提高量取精度。量取方式如图 2-25 所示。

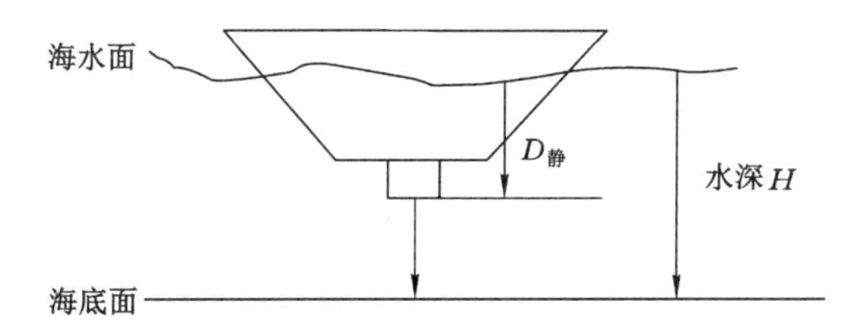

图 2-25　静态吃水测量示意图

动态吃水为测量船在工作时换能器发射面到海水面的距离。测量船以不同的速度行进,会出现船头上扬或者船头下降,故在行进过程中无法进行换能器吃水深度的测量工作。

为了减小换能器吃水深度对多波束水深数据的影响,换能器动态吃水深度改正方法主要有 GNSS 观测法与经验估计方法。

(1) GNSS 观测法

当测量船在漂泊状态下,通过 GNSS 测取船舶的大地高的平均值:

$$\overline{H}_{漂}=\frac{1}{n}\sum_{1}^{n}(H_{D}-h_{v}-h_{t}) \tag{2-8}$$

式中　H_D——测量船漂泊状态下瞬时大地高;

h_v——漂泊状态下测量船实时上升下降沉量;

h_t——实时潮汐高度。

当测量船按一定航速工作时,每个航速保持 10～15 min 分别记录航速起始时间和结束时间,取得稳定航速的一段时间序列,对天线大地高剔除测量船的垂直位移量和倾斜位移量,再去除潮汐的影响后得到工作时 GNSS 天线大地高均值:

$$\overline{H}_{航}=\frac{1}{n}\sum_{1}^{n}(H_{D}'-h_{v}'-h_{t}') \tag{2-9}$$

式中　H_D'——测量船航行状态下瞬时大地高;

h_v'——航行状态下测量船实时上升下降沉量;

h_t'——实时潮汐高度。

测量船工作时和漂泊状态下,GNSS 天线大地高平均值相减得到工作时动态吃水深度改正:

$$\Delta D=\overline{H}_{航}-\overline{H}_{漂} \tag{2-10}$$

(2) 经验估计方法

换能器的动态吃水与船体速度、船体的结构及静态吃水深度点有关,许多学者进行了该方面的研究且给予一些经验模型,其中最具代表性经验模型为以下两种。

原苏联科学院水文研究所提出的船体工作时动态吃水深度改正估计为:

$$\Delta D=0.52v^{3}\cdot\left(\frac{D_{静}}{h}\right)^{5/6} \tag{2-11}$$

式中　$D_{静}$——船的静态吃水深度;

h——水深;

v——船速。

霍密尔经验模型为：

$$\Delta D = Kv^2\sqrt{\frac{D_{静}}{h}} \tag{2-12}$$

式中，K 为船型系数。

2.2.1.3　潮位对多波束测深数据的影响

潮位改正可以将多波束水深数据归算到同一基准面下。随着潮位的不断变化，没有经过潮位改正的多波束水深数据会出现相邻条带之间的断层现象。当多波束水深数据进行潮位改正后，将其归算到同一垂直基准面下，测量的水深数据能够正确地反映水下地形(郑彤 等，2009)。

在实际工作中，考虑到实际情况，当测区内无法实现所有测深点有对应的潮位值时，一般利用测区内的一个潮位站信息(该验潮站能够有效代表某区域的潮位信息)作为某区域的潮位值。根据潮位站同步观测的数据，利用单站水位改正法对该区域进行潮位内插计算，从而实现多波束测深数据的潮位数据改正。其改正原理是根据 t 时刻多波束测深瞬时水深数据 $H(t)$、潮高值 $Z(t)$ 和改正后的波束点水深 Z 进行计算，如图 2-26 所示，其计算公式如下：

$$Z = H(t) - Z(t) \tag{2-13}$$

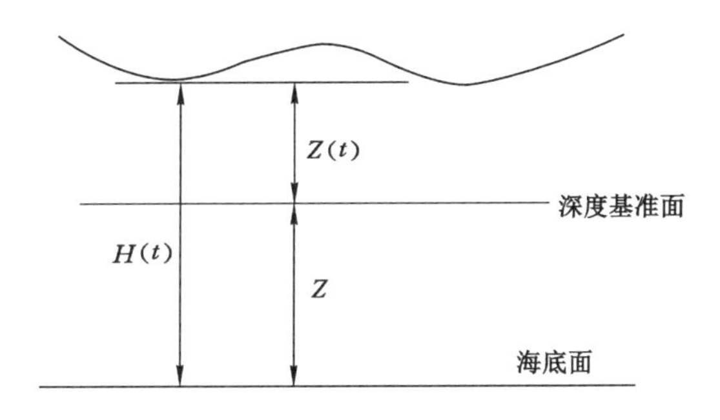

图 2-26　潮位改正原理图

当某一 Ping 断面的多波束水深进行潮位改正时，根据其所对应的潮高值进行改正计算，而潮位站提供的数据一般为 1 h 间隔的潮高值，多波束所测的单 Ping 数据为 1 s 间隔的水深值。因此，为了获得任意时刻的潮位值一般对其进行内插计算，通常采用的内插方法有样条插值与多项式拟合等，从而求得水位改正值如图 2-27 所示。

2.2.1.4　时延对多波束测深数据的影响

多波束测深系统由多种辅助设备构成，其各个设备信号同步必定会有时间

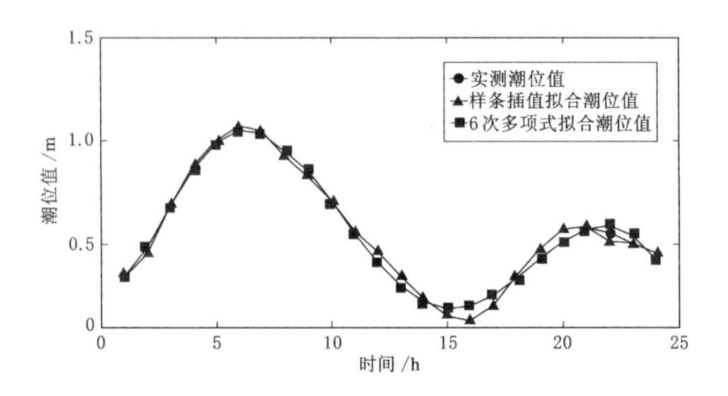

图 2-27　潮位值拟合图

延迟。由于辅助设备采集数据不同步,将采集的数据传输到工作站也会产生不同步问题,所以各个辅助设备从开始工作阶段到最后的数据汇集阶段都会产生延迟现象。对于上述的前两个阶段一般在实际工作中都不予以考虑,而时延误差方面主要为 GPS 的定位与换能器测量的水深点之间的不同步,对多波束测深数据的最终结果造成很多的影响(阳凡林 等,2009)。

对于多波束测深系统时延误差的校正方法采用同一目标探测法。在测区内寻找变化趋势较大地形,布设一条测线,测量船对该测线进行往返测,得到该测线上特征点的两个位置 P_1 和 P_2,可以得到时延位移 Δ:

$$\Delta = \frac{P_1 P_2}{2} \tag{2-14}$$

式中,P_1P_2 为两点之间的距离。测定测量船的航速 v,即可得到定位误差的系统延迟 Δt:

$$\Delta t = \frac{\Delta}{v} \tag{2-15}$$

多波束测量误差的改正关键主要是以上几项,虽然各项误差对水深数据的影响不同,校正的方法也不同,但在进行各项校正之前,应该提前消除各个仪器之间的安装误差,只有在此基础上进行后续的误差改正才能确保各个观测设备之间达到最好的改正效果。

2.2.1.5　声速剖面误差对多波束测深数据的影响

多波束测深系统依靠声波在海水中进行传播和海底反射与散射,将其接收到的信号转化为测点的水深值。声波在海水中传播的速度受到海水的温度、盐度、深度以及时间等综合方面的影响,并且声波在海水中产生反射和散射现象,使得声波在海水中并非沿直线传播。因此,在进行水下地形测量时,必须削弱声速对多波束测量水深的影响(董庆亮 等,2007)。

不同的声速剖面具有不同的返回路径,声速剖面的差异将直接影响到地形的测量精度,从而造成地形出现“凸起”或者“凹陷”。根据多波束采集数据的形式,其从垂直波束点位置向左右两边按扇形剖面展开,所以当声速改正不正确时,使得边缘波束部分受到的影响随水深增大而增大。当声速剖面改正值小于真实值时,其边缘波束位置就会出现“凸起”情况;当声速剖面改正值大于真实值时,其边缘波束位置就会出现“凹陷”情况。见图2-28。

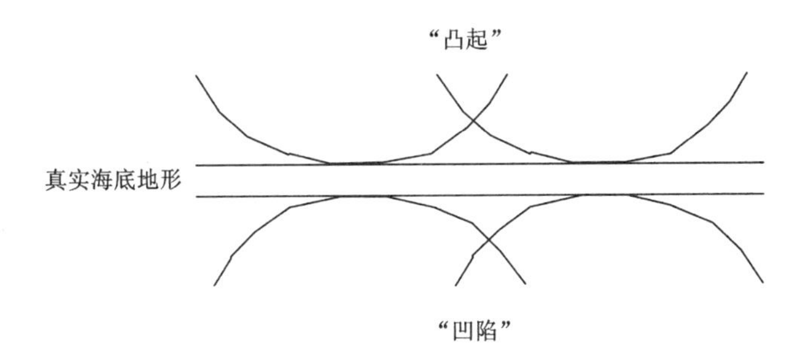

图2-28　声速误差引起地形变形

声速剖面改正对多波束测深和定位的精度影响很大,因此在进行多波束测量时应该合理采集声速剖面。由于走航式的声速剖面仪器价格昂贵,实际工作中为了保证工作效率、降低成本等,施测单位都会采取直读式声速剖面仪或自容式剖面仪,这也就造成声速剖面的采集剖面可能会与水深数据不符合,使得多波束的水深数据产生畸变,其受到声速误差影响的波束点从垂直波束向外扩散,受到的声速误差影响越来越大。

为了保证多波束测深数据的质量,则必须对其进行声速改正。多波束水深数据常采用的声速改正方法为声线跟踪方法。该方法是根据声速剖面逐层叠加声速位置,来计算声线下的波束脚印的位置。根据Snell法则,假设声速在i水层内以相同速度传播,即i层上、下界面处的深度分别为z_i和$z_{(i+1)}$,Δz_i、θ_i、c_i分别为在i层的水层厚度、入射角和声速,如图2-29所示。

根据Snell法则,波束在i层内的水平位移y_i和传播时间t_i分别为:

$$y_i = \Delta z_i \tan \theta_i \tag{2-16}$$

$$t_i = \frac{\Delta z_i}{c_i \cos \theta_i} \tag{2-17}$$

则波束经历整个水柱的传播距离y和传播时间t为:

$$y = \sum_{i=1}^{n} \Delta z_i \tan \theta_i \tag{2-18}$$

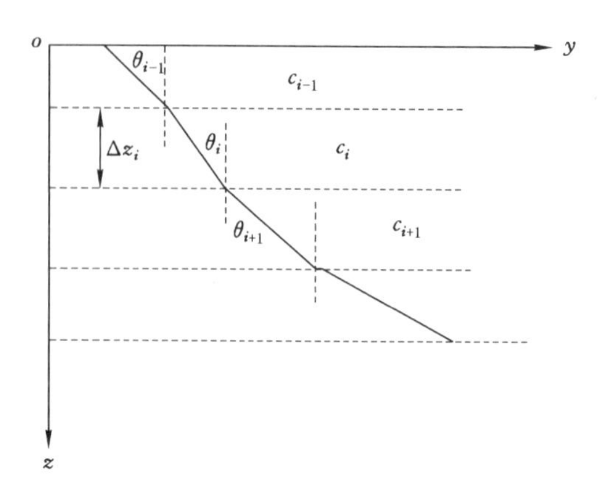

图 2-29　基于层内常声速声线追踪

$$t=\sum_{i=1}^{n}\frac{\Delta z_i}{c_i\cos\theta_i}\tag{2-19}$$

假设换能器坐标系下的坐标为(x_0,y_0,z_0),则声速剖面改正后的波束脚印坐标为:

$$\begin{aligned}x&=x_0\\y&=y_0+\frac{c_0T_p}{2}\sin\theta_0\\z&=z_0+\frac{c_0T_p}{2}\cos\theta_0\end{aligned}\tag{2-20}$$

式中　c_0——表层声速;

T_p——波束往返时间;

θ_0——波束入射初始角。

根据声速理论了解到其受温度、盐度的影响最大。在某一海域内的一天中中午与下午的温度较高,在进行水下地形测量时应最少测一次声速数据。在地形测量过程中,可以根据实时采集窗口,当采集的水深数据中边缘波束部分发生了地形的凹凸变化时,应当立即增加测站。

2.2.2　基于 MATLAB 开发误差改正程序

由于多波束测深系统自身的多样性的特点,其采集的三维水深数据必须要经过多项误差改正,如声速改正、姿态改正、潮位改正和换能器吃水改正等,只有经过上述改正后的多波束水深数据才能够确保水深数据的质量,从而保证所测的水深数据正确反映真实的海底地形。

MATLAB 软件为一款数据分析和处理的强大工具,目前该软件已经在各个领域内得到应用,并且取得良好反馈。针对多波束测深数据处理的需求,采用MATLAB 2014a软件实现多波束测深数据改正的各项功能。利用MATLAB软件中的GUI(图像用户界面),建立关于多波束测深数据的各项改正的计算程序,并且自动显示出多波束测深数据经过每项改正后的三维水深图像。

2.2.2.1 程序设计原则和功能

对于用户来说多波束测深数据处理程序的使用体验为程序开发成功与否的一项重要的检核标准,在进行开发时一般满足以下原则:

(1) 简洁原则。程序界面应该给用户直观的体验,方便用户操作,减少用户错误操作的概率。

(2) 直观原则。程序应该给予用户在使用该程序时每进行一步都显示出所改正后的水深。

(3) 一致原则。程序在进行数据显示、数据改正、数据导入等功能时应该保持一致。

对于多波束测深数据的处理过程,根据本章节自身的需求所开发的多波束测深数据改正程序,首先将多波束测深单Ping数据加载到程序中,然后对单Ping水深数据进行吃水改正、潮位改正、姿态改正和声速改正,最后将处理后的单Ping水深数据进行保存输出。具体处理流程如图2-30所示,数据处理功能主要包含:

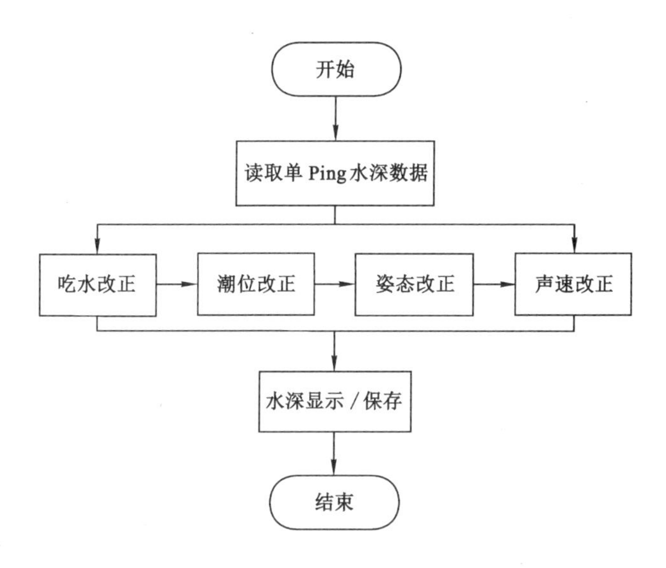

图2-30 程序处理流程图

(1) 读取数据文件。

(2) 将读取数据后的原始单 Ping 水深数据和经过各项改正后的水深数据以图形的方式显示出来。

(3) 对完成改正后的单 Ping 水深数据进行保存和输出。

2.2.2.2 程序界面介绍

根据多波束系统的单 Ping 水深校准的不同需求,首先要读取多波束测深系统的水深数据,再对其进行数据改正。本次所采用的数据为模拟多波束测深数据,以此来对设计程序进行检验。该程序主要实现的功能是对加载的多波束单 Ping 水深数据进行显示,并且分别对每次加载的单 Ping 水深数据进行改正;然后对单 Ping 水深数据改正后的水深进行显示,比如通过吃水改正后单 Ping 水深会显示出来;最后,将校准过后的单 Ping 水深数据进行保存,从而达到改正某区域内多波束水深数据的目的。

根据改正的实际要求,利用 MATLAB 2014a 软件中的 GUI 进行程序设计,实现各个显示窗口和控件添加。从图 2-31 可以看到,该程序的 3 个按钮键位,分别为载入数据、保存数据和退出程序;程序界面的左半部分为单 Ping 数据查看窗口,右半部分为该程序的核心部分,对单 Ping 水深数据进行的换能器吃水改正、潮位改正、姿态改正和声速改正。

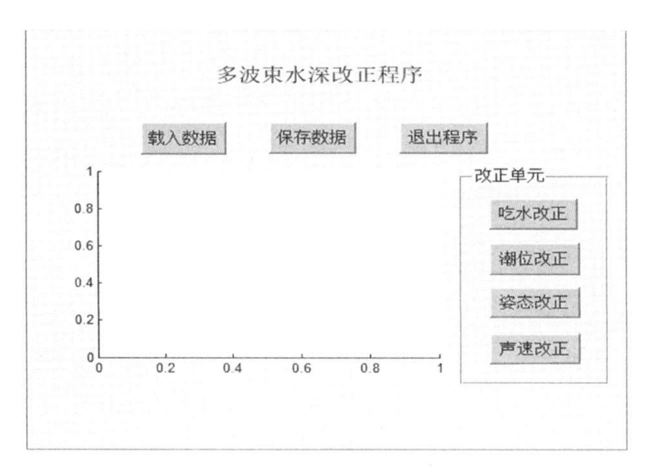

图 2-31 水深改正程序操作界面

在数据输入方面,吃水改正单元中分别要输入测量船在作业期间的平均航速(单位为 m/s),船舶的航行速度一般按“kn”计量,因此在输入船舶航速时将测量船的平均航速转换成 m/s(1 kn=0.514 44 m/s),静态吃水深度按实测要求进行量取,平均水深为测区内所有水深的平均值。潮位改正单元分别输入条带

H_1 与相邻条带 H_2 进行数据采集时的时间和潮位值，对相邻条带之间出现的重叠部分的地形断层情况进行改正。姿态改正单元应该加载的数据为该 Ping 所对应的换能器在某时刻的横摇角和纵摇角的数值。声速改正单元首先应加载该条带的声速剖面数据，然后进行水深改正。

2.2.2.3　实验数据分析

对水深改正程序进行测试，其目的是发现程序的错误并且进行修正。程序测试步骤是检验程序的一个重要过程。测试的结果是否与期望输出相匹配，是证明程序设计成功与否的重要指标。实验所采用的数据为模拟单 Ping 水深数据、潮位数据、姿态数据和声速剖面数据，利用模拟的数据对程序进行测试，模拟的单 Ping 水深数据为 256 个，波束开角为 130°，其中模拟的潮位数据是在 t_i 时刻的潮位值，姿态数据为在 t_i 时刻所对应 Ping 断面水位的船体横纵摇角，声速改正数据是该 Ping 水深所对应的声速且波束经历为单层水柱。

对程序进行测试的主要步骤为数据读取、数据改正和数据显示等，具体过程如下(该程序主要是对多波束的测量水深进行改正)。

(1) 对单 Ping 水深数据的读取，如图 2-32 所示。原始多波束测深单 Ping 水深数据载入该程序后，通过显示窗口进行显示。

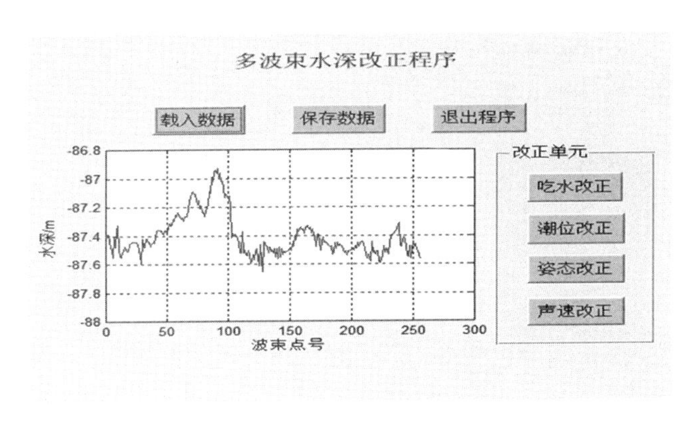

图 2-32　数据读取界面

(2) 对读取的单 Ping 水深进行换能器吃水改正，分别输入换能器的静态吃水深度、测量船的平均航速和测区内的平均水深，点击“吃水改正”按钮进行水深校正，改正后的水深如图 2-33 所示。当输入的吃水改正参数不正确时，会造成单 Ping 的水深数据改正不正确，从而造成后续各项改正错误。

(3) 经过换能器吃水改正后的多波束单 Ping 水深再进行潮位改正，即分别输入在该区域测量时的潮位信息，点击“潮位改正”按钮进行改正，改正后的水深如图 2-34 所示。所加载的潮位数据格式时间单位必须为 h，且加载的潮位数据

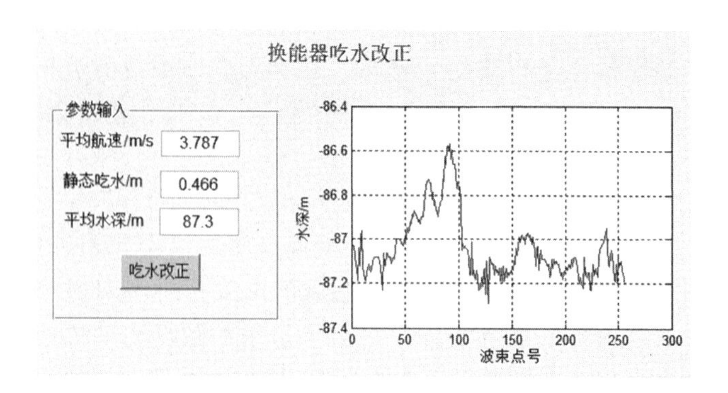

图 2-33　吃水改正界面

与多波束测深数据应在同一高程基准面内，否则会造成潮位数据改正不正确，从而影响后续各项改正计算结果输出。

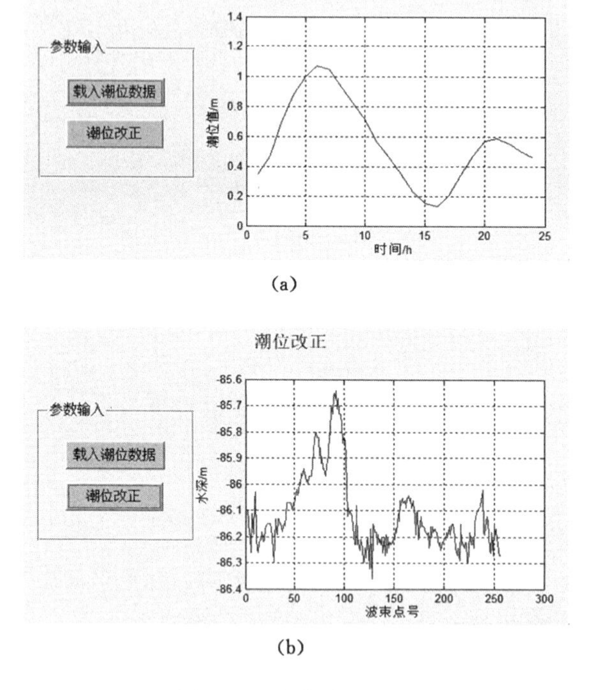

图 2-34　潮位改正界面

(a) 加载潮位数据；(b) 潮位改正后的单 Ping 水深

(4) 单 Ping 波束水深值经过潮位改正后，削弱了两个相邻条带之间出现“断层”的情况，通过导入该时刻对应的姿态数据，对该 Ping 水深数据进行姿态改正，其改正后的水深如图 2-35 所示。

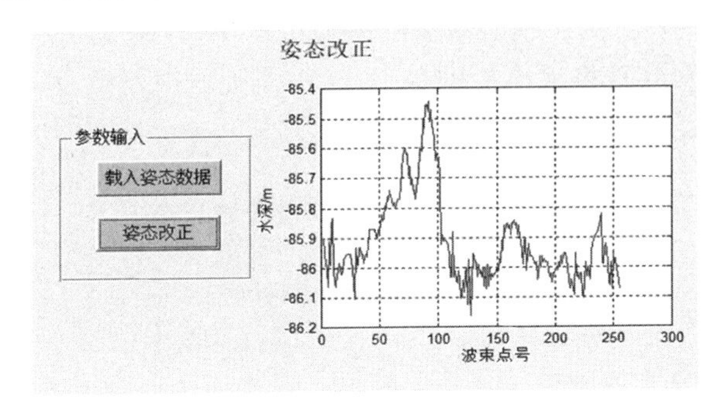

图 2-35　姿态改正界面

(5) 最后经过声速改正，校正后的单 Ping 水深值如图 2-36 所示。其中声速数据必须与导入的单 Ping 水深数据一一对应，否则计算后的水深值的正确性无法保障。

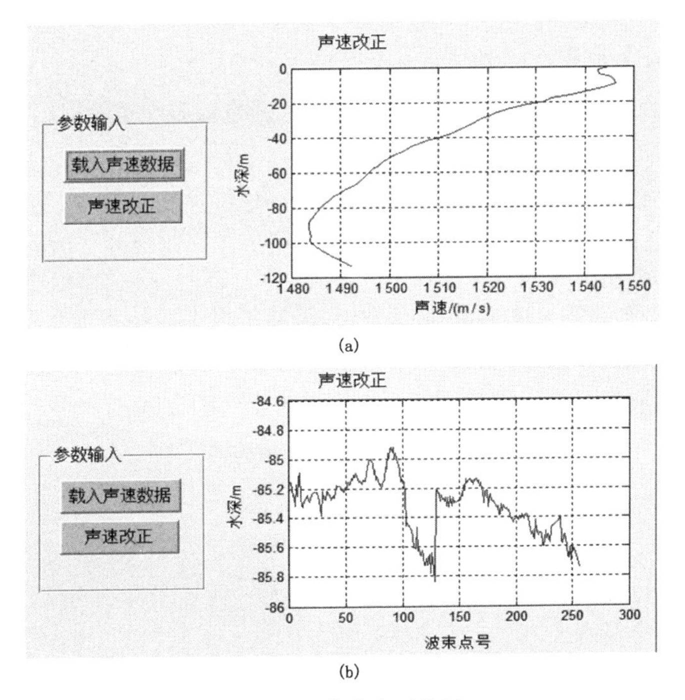

图 2-36　声速改正界面

(a) 加载声速数据；(b) 声速改正后的单 Ping 水深

最后，实现对改正后的单 Ping 水深数据进行保存，其保存的水深数据为经过各项改正后的数据，其保存数据的格式为 txt。

由上述内容可以看出，通过载入的单 Ping 水深数据对其进行各项改正，改正的效果良好。但是，为了检验各项功能的可靠性，分别导入 30 Ping 的水深数据对其进行处理，并且将输出后的单 Ping 水深数据进行整合，从而实现对海底地形的绘制，其处理后的结果详见表 2-1。

表 2-1　改正前后水深数据统计表

统计项	原始水深	处理后水深
最大水深值/m	−87.65	−85.84
最小水深值/m	−86.93	−84.93
平均水深值/m	−87.30	−85.32

从表 2-1 可以看出，模拟的单 Ping 水深数据在未进行改正之前的最大水深值和最小水深值分别为−87.65 m 和−86.93 m，其平均水深值为−87.30 m；在对单 Ping 水深数据进行各项水深改正后的最大水深值和最小水深值分别为−85.84 m和−84.93 m，其平均水深值为−85.32 m。

经过上述对程序进行测试发现以下问题：

(1) 对于该程序的功能实现，所加载的数据格式必须按要求统一，否则会无法进行计算。

(2) 加载的水深数据必须为单 Ping 水深数据，格式为(x, y, z)。

(3) 其改正单 Ping 过程必须遵循吃水改正—潮位改正—姿态改正—声速改正的顺序，否则会无法改正水深数据。

(4) 输出的结果为单 Ping 水深数据，无法实现大批量的导入。

通过对上述问题的分析，找出了该程序可能出现的问题，并且找出了该软件的一些缺点，对今后该程序功能的改进给出了正确的方向。

第 3 章　港口与航道疏浚工程测量虚拟仿真实验

3.1　虚拟仿真实验项目设计

港口与航道疏浚工程测量属于航道测量的范畴,本实验主要面向海洋测绘、海事管理、港口与航道管理等未来从事我国港口与航道建设、维护、管理等工作的学生(李炜,2020)。实验依托对象是连云港 30 万 t 级航道建设工程全过程中的海洋工程测量项目。连云港港是我国沿海发展综合运输的重要枢纽和沿海主枢纽港之一,是连云港市及江苏北部地区经济发展和对外贸易的重要依托,是中西部地区外引内联的窗口和对外交通的重要口岸,是亚欧大陆间国际集装箱水陆联运的重要中转港口,以外贸运输和能源外运为主,以临港工业为重要内容,商业港与工业港、客运与货运相结合,是一个功能齐全、管理科学、环境优美的综合性国际化港口。

港口与航道的建设对国民经济的发展,特别是对水上交通、水利防洪、城市建设等发挥着重要作用,特别是沿海重点港口航道和出海口航道建设对维护国家海疆具有重要战略意义(张志国 等,2016)。港口与航道疏浚工程测量是专门为疏浚工程服务的一项测量工作,其主体是水下地形测量,主要任务是通过测定水底的平面位置和高程,将信息汇总成图,为港口与航道疏浚高程的设计、施工、验收等提供依据。主要设计过程如表 3-1 所示。

港口与航道疏浚工程测量根据疏浚工程的进展分为浚前测量、浚中测量、竣工测量 3 个步骤,其测量作业贯穿于整个疏浚施工过程,作业周期长,作业频次高,涉及使用高端的海洋测绘设备和专业的测量船舶等导致整个测绘作业的成本高昂,对于高校学生来讲,偶尔接触一次海洋测绘设备比较容易实现,但是全过程地参与港口与航道疏浚工程测量工作是不现实的。另外,整个作业过程具有不可逆性、实时性和动态性,无法进行现场重现。因此,通过一些实验操作、虚拟仿真训练,使得学生熟悉一些昂贵的海洋测量设备的使用,使其对测量作业及成果在整个港口与航道疏浚施工过程中的作用有深入的了解,可缩短学校教育和工作实践之间的适应过程。

表 3-1　港口与航道疏浚工程测量虚拟仿真实验设计项目

序号	实验过程	交互步骤	工具/题目/要求
0	检查设备	开箱	
1		设备自检	
2	水下终端安装	确定连杆安装位置	
3		连接:连杆 A 部分和船舷侧翼	
4		连接:连杆 B 部分和水下终端	扳手、连接件、螺丝
5		检查水下终端的安装深度、调整	
6		连接:连杆 A 部分和连杆 B 部分	
7		微调:水下终端的安装角度	根据航偏角 h、横摇角 r 和纵摇角 p,微调水下终端的安装角度
8	设备连接	连接:声呐处理器和电脑	选择不同接口的连接线。 连接正确,通过;连接不正确,报错
9		连接:声呐处理器和水下终端	
10		连接:声呐处理器和 GPS/RTK	
11		连接:水下终端和姿态仪	
12		连接:水下终端和声速剖面仪	
13	参数设置	RTK 参数设置	在已知控制点架设基准站,检查 RTK 的流动站选项与流动站无线电设置,待有 RTK 固定解时,设置定位数据(GGA)、时间数据(ZDA)、同步时间触发信号(PPS)、端口、波特率等参数
14		建立船体坐标系,量取 RTK 天线/声呐探头相对于参考点的位置	设置船体坐标系中心参考点 CRP 中心,船右舷方向为 x 轴正方向,船头方向为 y 轴正方向,垂直向上为 z 轴正方向。分别量取 GPS 天线、罗经、声呐探头相对于参考点的位置
15		设备开机(按实际模型来)	在监测船上依次安放主机、采集工控机、显示器等,然后通过采集软件 PD32000,将 GPS 流动站的输出时间信号(PPS,ZDA)、导航定位数据(GGA)、OCTANS 光纤罗经定向数据和运动传感器姿态数据、水下地形数据与采集电脑连接,各个设备数据工作正常,按照预先布置的测线进行数据采集

表 3-1(续)

序号	实验过程	交互步骤	工具/题目/要求
16	测线布置	给出水深、设备参数，按照基本的重叠带宽度要求，计算航线距离(在×× m 以内)	测试题
17	数据采集	根据设备参数，填写发射波束数据	测试题
18		根据设备参数，填写接收波束数据	测试题
19		Mills 交叉原理	测试题
20	数据导出	连接电脑	
21		操作软件	
22		数据导出	
23	成果辨识	找碴游戏	

3.2　虚拟仿真实验项目交互过程

3.2.1　概述

港口与航道疏浚工程测量虚拟仿真实验建议使用火狐浏览器 81 以上、Chrome 浏览器 70 以上版本。访问地址为 http://39.101.193.101/。

账号：

专家登录：直接登录

老师账号：2020　密码：t

学生账号：1010　密码：s

登录界面如图 3-1 所示。

用户注册时，点击【注册】按钮，如图 3-2 所示，自己设置用户名和密码等相关信息，如图 3-3 所示，输入信息后即可进入虚拟仿真实验软件。

填写用户信息，最后点击【立即注册】按钮，完成注册。

输入用户名、密码、网页验证码，点击【登录】按钮，完成登录，如图 3-4 所示。

3.2.2　港口与航道疏浚工程测量理论基础

3.2.2.1　基准面转换

点击【开始实验】，进入实验界面(图 3-5)。

图 3-1　港口与航道疏浚工程测量虚拟仿真实验登录界面

图 3-2　注册界面

图 3-3　输入注册信息

图 3-4　输入登录信息

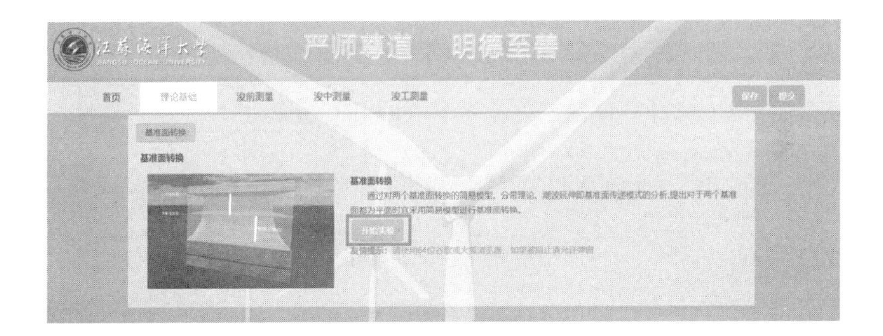

图 3-5　【开始实验】界面

点击【答案】按钮，可以查看答案(图 3-6)。

图 3-6　【答案】按钮

点击【×】按钮，关闭答案面板(图 3-7)。

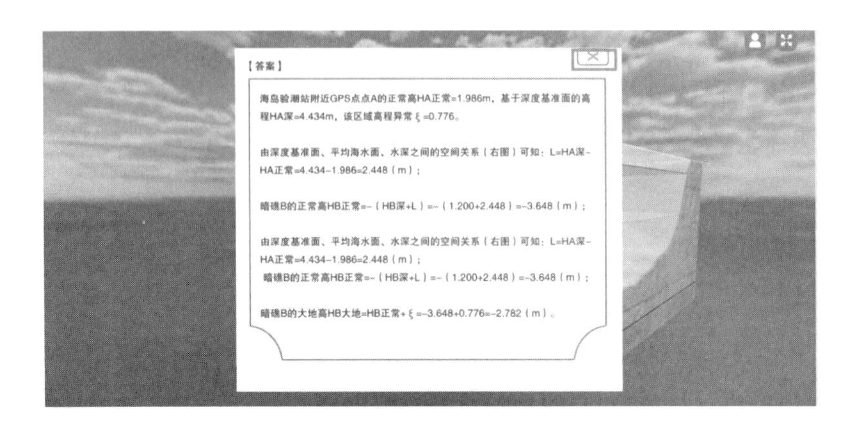

图 3-7　关闭【答案】

根据题目，填写计算习题 1 答案(−1.75)(图 3-8)。

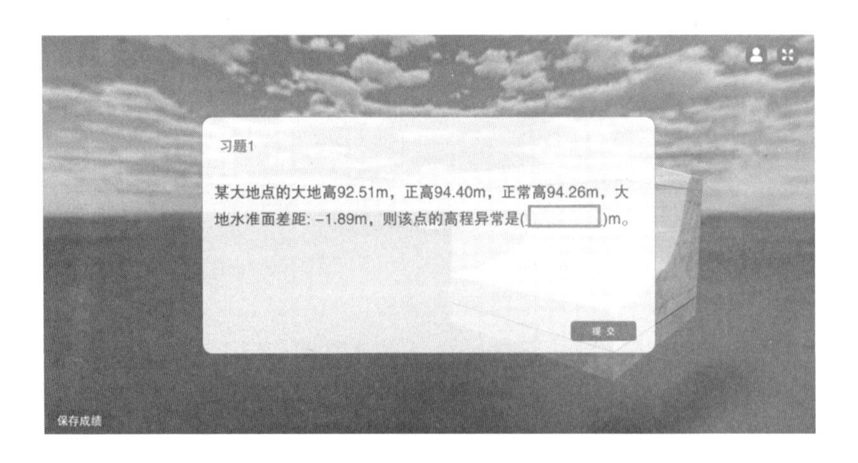

图 3-8　计算习题 1

根据题目，填写计算习题 2 答案(＋1.24)(图 3-9)。

点击【保存成绩】按钮，可以保存成绩(图 3-10)。

选择老师，然后点击【上传】按钮，可以完成答案上传(图 3-11)。

3.2.2.2　浚前测量

(1) 扫海测量

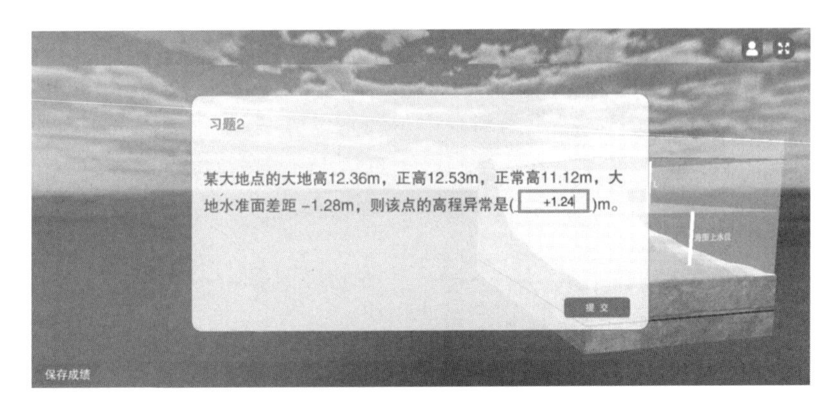

图 3-9　计算习题 2

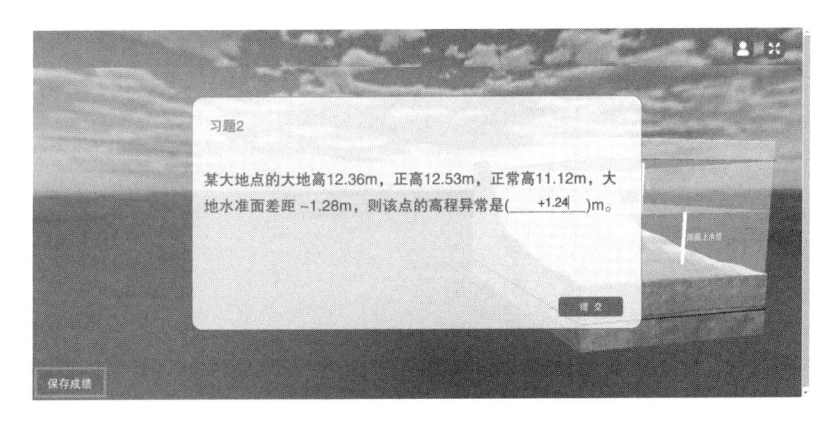

图 3-10　保存成绩

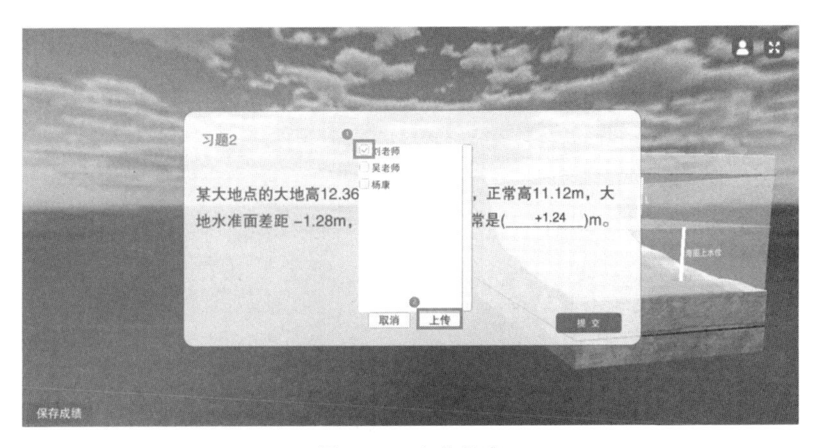

图 3-11　上传答案

① 侧扫声呐的系统组成

在“浚前测量”模块中，分为【学习】、【练习】和【开始实验】3 种模式(图 3-12)。【学习】模式，主要根据软件提供的基本理论和基本方法，学生可以复习和浏览，然后进入【练习】模式。在【练习】模式中，学生可以尝试回答各样的问题。练习无误后，学生可以在【开始实验】模块进行实践，并保留学习成绩。

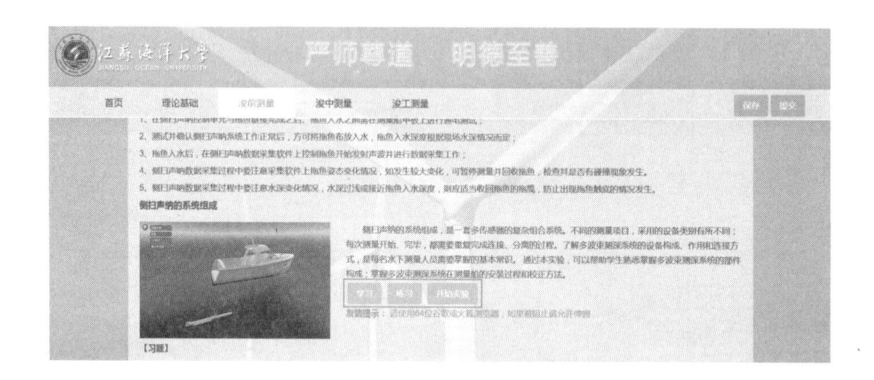

图 3-12　3 种实验模式

(a)【学习】模式

点击步骤名称，显示对应组成部件，其他步骤操作同上(图 3-13)。

图 3-13　【学习】模式

(b)【练习】模式

点击步骤名称，高亮提示对应部件，提交可判断选中部件是否是左侧列表对应部件(图 3-14)。

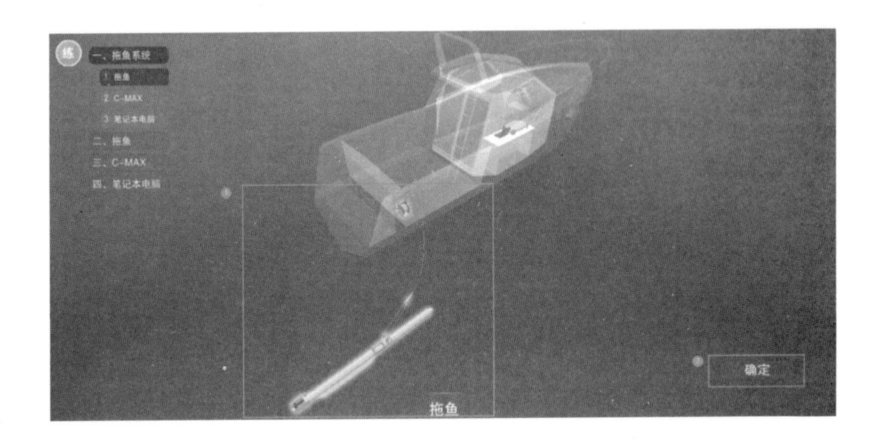

图 3-14　【练习】模式

(c)【开始实验】模式

点击拖鱼设备，点击【提交】按钮，提交的答案被保存，以下均与此类似(图 3-15)。

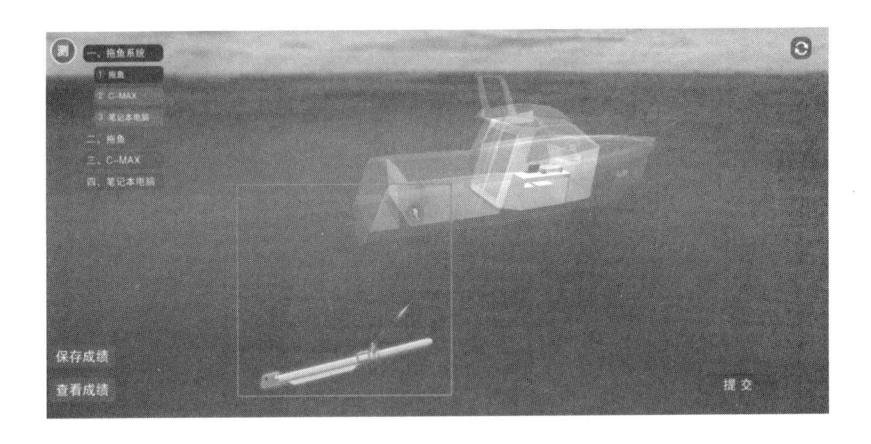

图 3-15　【开始实验】模式

点击 C-MAX 设备，再点击【提交】按钮(图 3-16)。

点击笔记本电脑设备，再点击【提交】按钮(图 3-17)。

图 3-16　C-MAX 设备

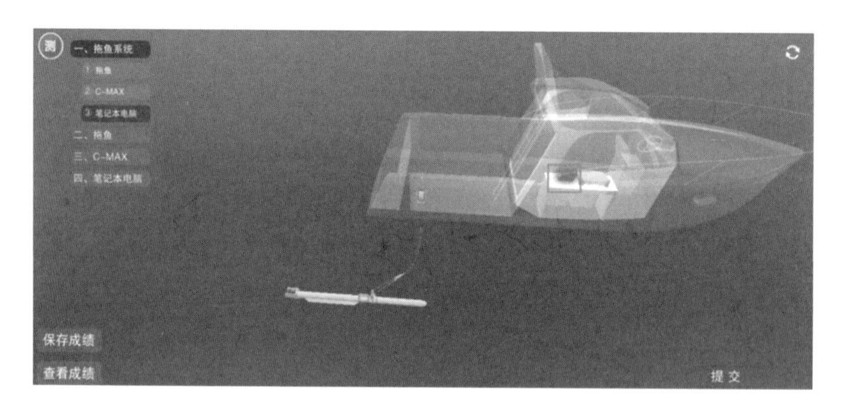

图 3-17　笔记本电脑

点击拖鱼 1 设备，再点击【提交】按钮(图 3-18)。

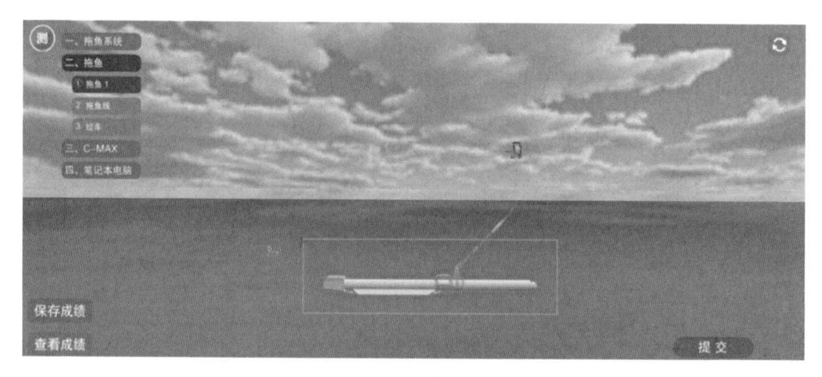

图 3-18　拖鱼 1

点击拖鱼线设备，再点击【提交】按钮(图 3-19)。

图 3-19　拖鱼线

点击绞车设备，再点击【提交】按钮(图 3-20)。

图 3-20　绞车

点击 10 28 V DC 设备，再点击【提交】按钮(图 3-21)。

点击 C-MAX 1 设备，再点击【提交】按钮(图 3-22)。

点击 CABLETOW 设备，再点击【提交】按钮(图 3-23)。

点击 POWER 设备，再点击【提交】按钮(图 3-24)。

点击 TRIGGER 设备，再点击【提交】按钮(图 3-25)。

点击 USB 设备，再点击【提交】按钮(图 3-26)。

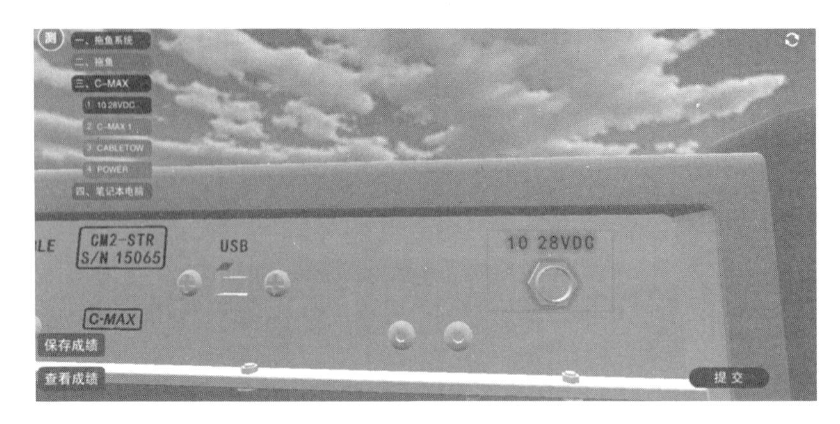

图 3-21　10 28 V DC

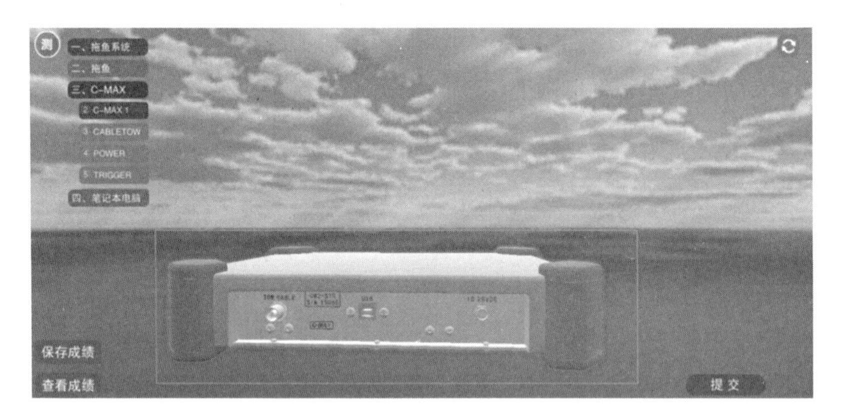

图 3-22　C-MAX 1

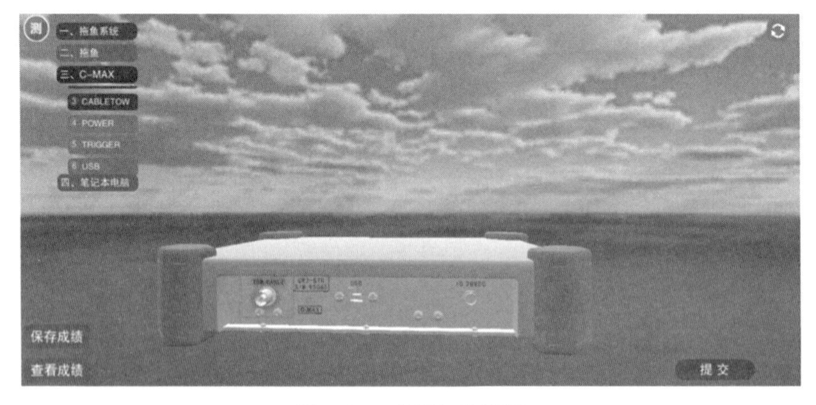

图 3-23　CABLETOW

图 3-24　POWER

图 3-25　TRIGGER

图 3-26　USB

点击软件应用，再点击【提交】按钮（图 3-27）。

图 3-27　软件应用

进入【软件应用】后，点击【提交】按钮，提交成果（图 3-28）。

图 3-28　【提交】按钮

点击【查看成绩】按钮，学生可以查看自己的测验成绩（图 3-29）。

通过点击【保存成绩】按钮，并选择老师，上传成绩，教师就能收到学生的成绩（图 3-30）。

② 扫海测量测试题

习题中，首先选择组，然后选择组中的图片，再圈选障碍物的位置，如图 3-31 所示。

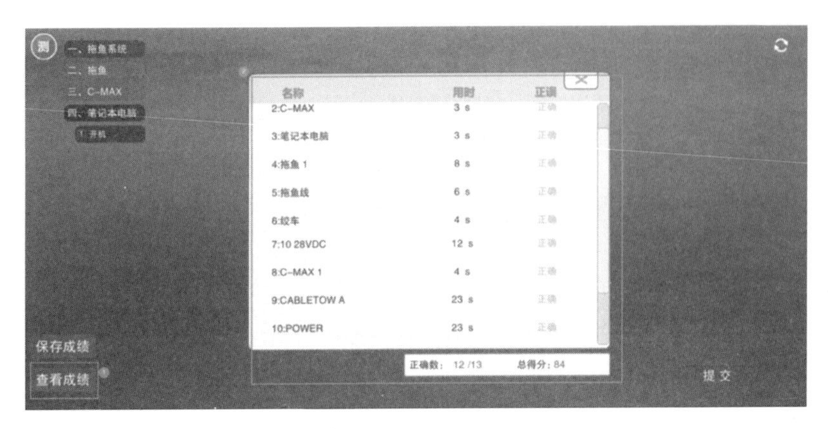

图 3-29　【查看成绩】按钮

图 3-30　【保存成绩】按钮

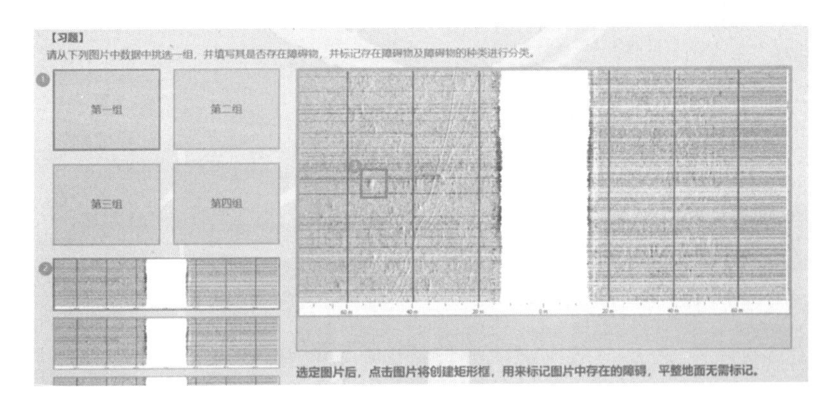

图 3-31　扫海测量习题

标记存在障碍物及障碍物的种类，并进行分类，点击【确定】按钮（图 3-32）。

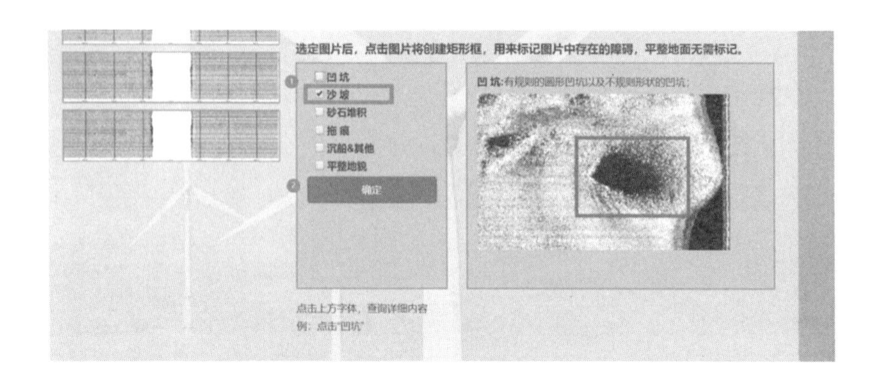

图 3-32　扫海测量练习过程

点击【保存】按钮，保存成绩，点击【提交】按钮，提交成绩（图 3-33）。

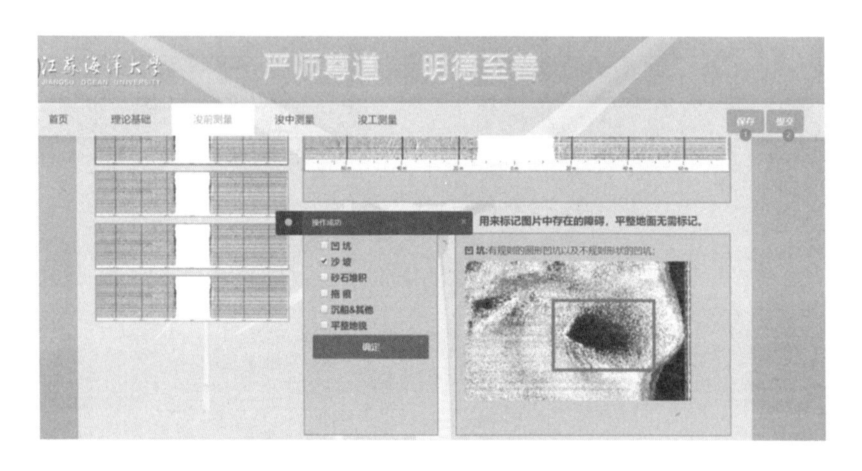

图 3-33　提交成绩

（2）水深测量

① 多波束的安装与组成

（a）【学习】模式

点击步骤名称，显示对应组成部件，其他步骤操作同上（图 3-34）。

（b）【练习】模式

点击步骤名称，高亮提示对应部件，提交可判断选中部件是否是左侧列表对

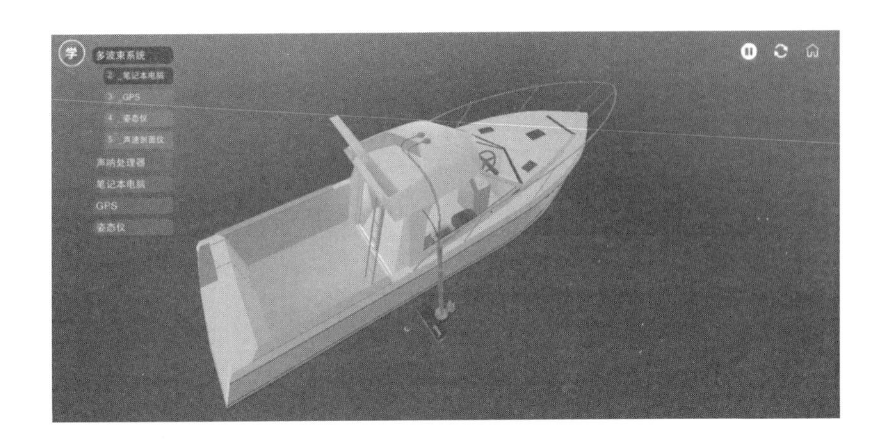

图 3-34 【学习】模式下的多波束安装

应部件(图 3-35)。

图 3-35 【练习】模式下的多波束安装

(c)【开始实验】模式

左侧点击【声呐处理器】,然后在船体中选中声呐处理器,然后点击【提交】按钮(图 3-36)。

左侧点击【笔记本电脑】,然后在船体中选中笔记本电脑,再点击【提交】按钮(图 3-37)。

左侧点击【GPS】,然后在船体中选中 GPS,再点击【提交】按钮(图 3-38)。

图 3-36　声呐处理器

图 3-37　笔记本电脑

图 3-38　GPS

左侧点击【姿态仪】,然后在船体中选中姿态仪,再点击【提交】按钮(图 3-39)。

图 3-39　姿态仪

左侧点击【声速剖面仪】,然后在船体中选中声速剖面仪,再点击【提交】按钮(图 3-40)。

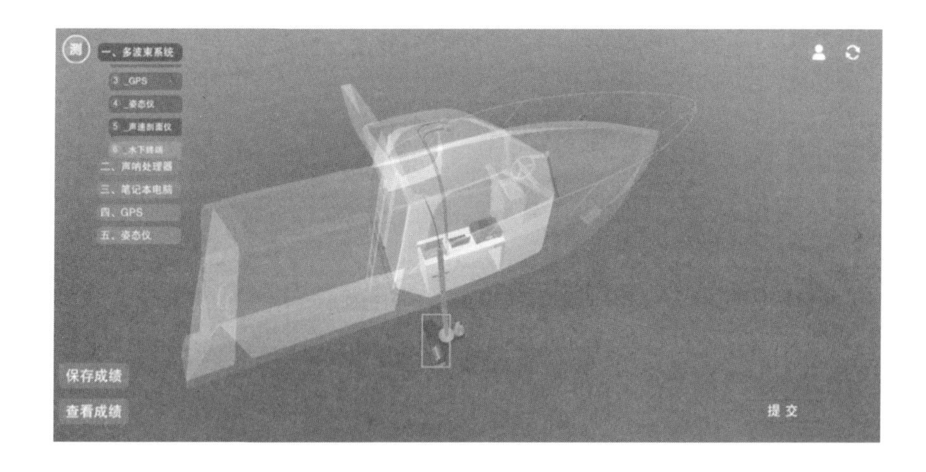

图 3-40　声速剖面仪

左侧点击【水下终端】,然后在船体中选中水下终端,再点击【提交】按钮(图 3-41)。

图 3-41　水下终端

左侧点击【COM1】，然后在船体中选中 COM1，再点击【提交】按钮(图 3-42)。

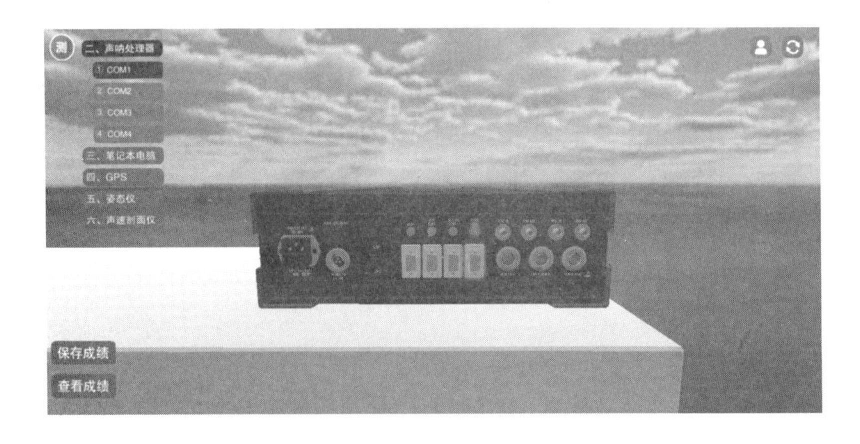

图 3-42　COM1

左侧点击【COM2】，然后在船体中选中 COM2，再点击【提交】按钮(图 3-43)。

左侧点击【COM3】，然后在船体中选中 COM3，再点击【提交】按钮(图 3-44)。

左侧点击【COM4】，然后在船体中选中 COM4，再点击【提交】按钮(图 3-45)。

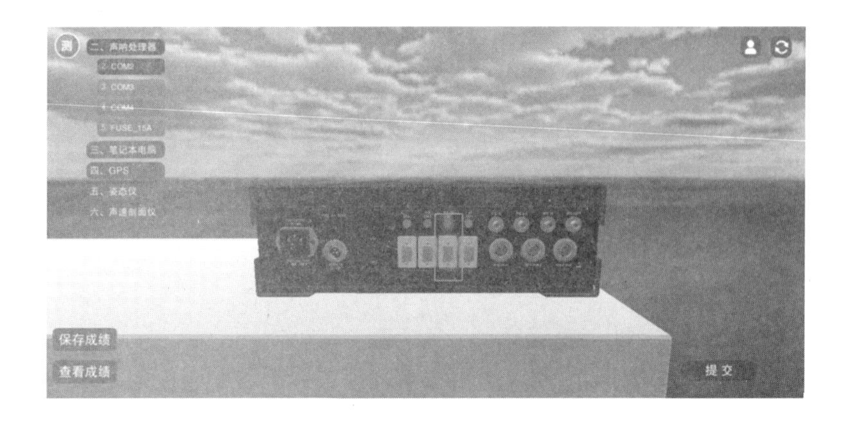

图 3-43　COM2

图 3-44　COM3

图 3-45　COM4

左侧点击【FUSE_15A】,然后在船体中选中 FUSE_15A,再点击【提交】按钮(图 3-46)。

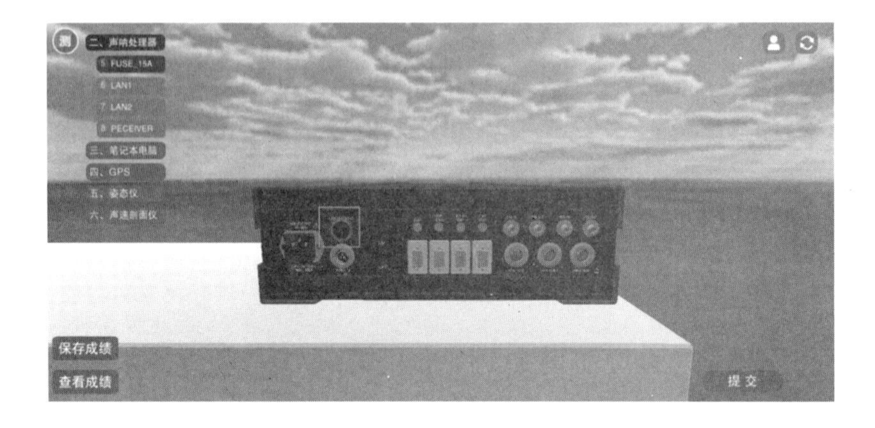

图 3-46　FUSE_15A

左侧点击【LAN1】,然后在船体中选中 LAN1,再点击【提交】按钮(图 3-47)。

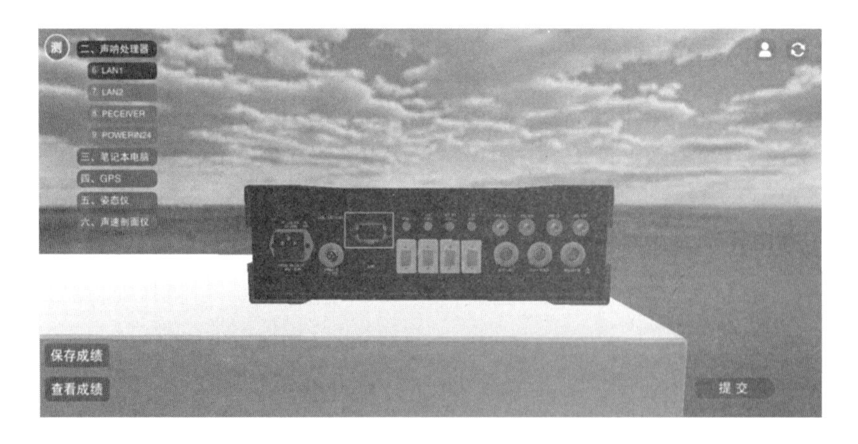

图 3-47　LAN1

左侧点击【LAN2】,然后在船体中选中 LAN2,再点击【提交】按钮(图 3-48)。

左侧点击【PECEIVER】,然后在船体中选中 PECEIVER,再点击【提交】按钮(图 3-49)。

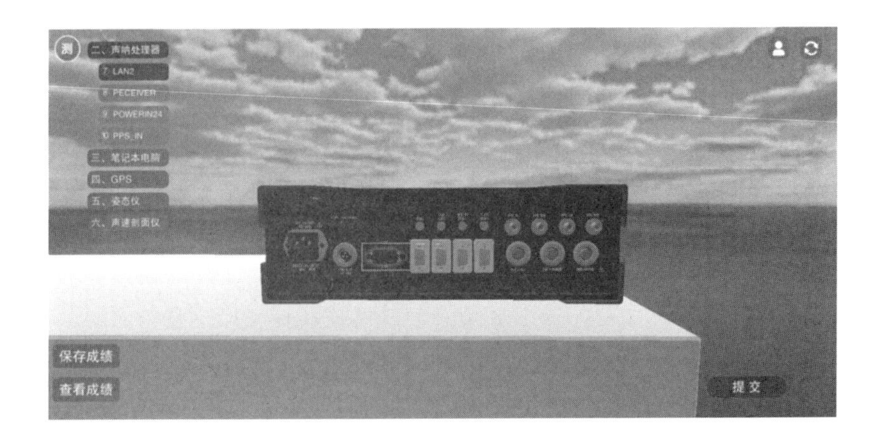

图 3-48　LAN2

图 3-49　PECEIVER

左侧点击【POWERIN24】,然后在船体中选中 POWERIN24,再点击【提交】按钮(图 3-50)。

左侧点击【PPS_IN】,然后在船体中选中 PPS_IN,再点击【提交】按钮(图 3-51)。

左侧点击【PPS_OUT】,然后在船体中选中 PPS_OUT,再点击【提交】按钮(图 3-52)。

左侧点击【PROJECTOR】,然后在船体中选中 PROJECTOR,再点击【提交】按钮(图 3-53)。

图 3-50　POWERIN24

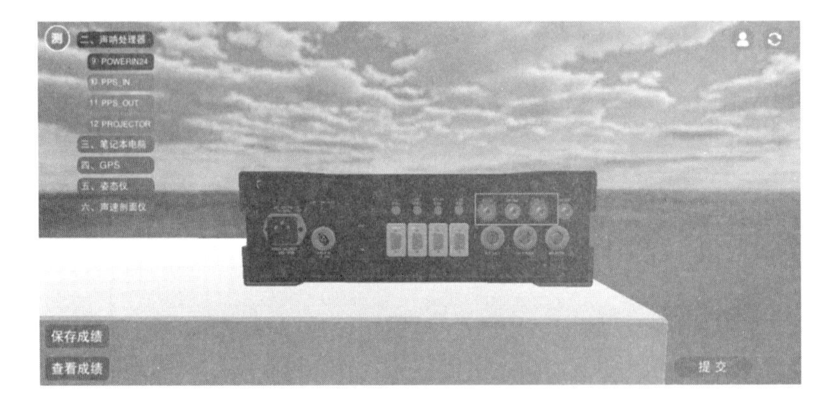

图 3-51　PPS_IN

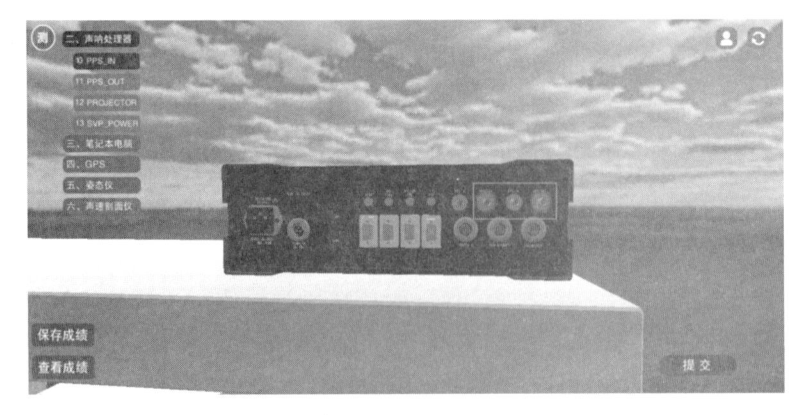

图 3-52　PPS_OUT

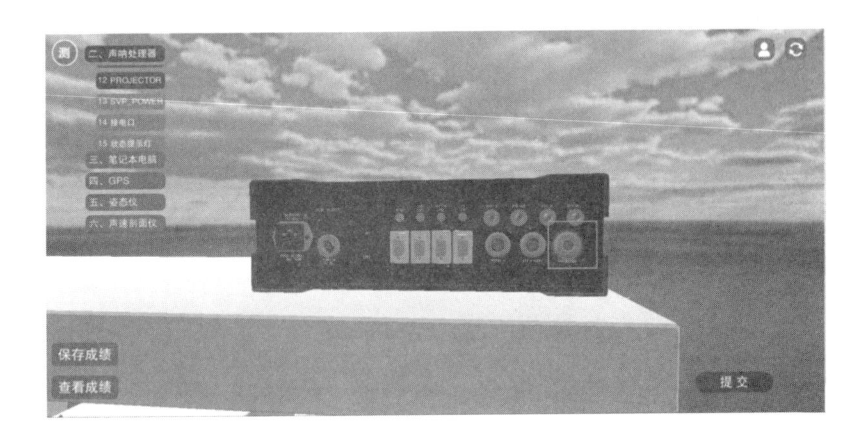

图 3-53　PROJECTOR

左侧点击【SVP_POWER】，然后在船体中选中 SVP_POWER，再点击【提交】按钮（图 3-54）。

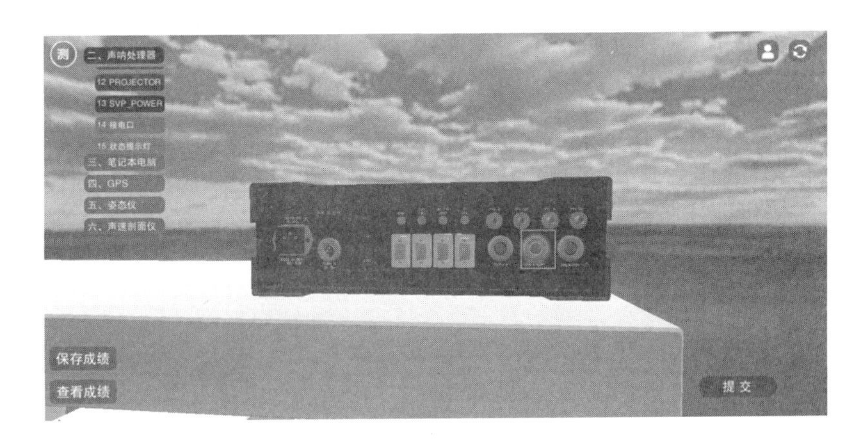

图 3-54　SVP_POWER

左侧点击【接电口】，然后在船体中选中接电口，再点击【提交】按钮（图 3-55）。

左侧点击【状态提示灯】，然后在船体中选中状态提示灯，再点击【提交】按钮（图 3-56）。

左侧点击【软件】，然后在船体中选中软件，再点击【提交】按钮（图 3-57）。

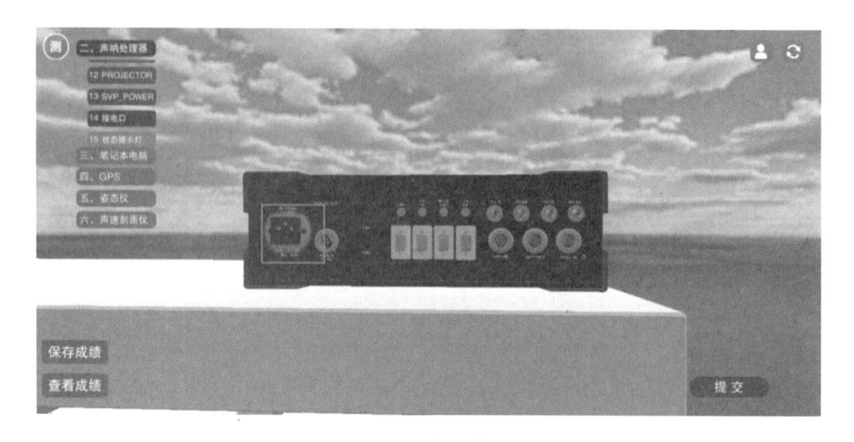

图 3-55　接电口

图 3-56　状态提示灯

图 3-57　【软件】按钮

左侧点击【开机】，然后在电脑中选中开机按钮，再点击【提交】按钮（图 3-58）。

图 3-58　启动软件

左侧点击【ANT1】，然后在船体中选中 ANT1，再点击【提交】按钮（图 3-59）。

图 3-59　ANT1

左侧点击【ANT2】，然后在船体中选中 ANT2，再点击【提交】按钮（图 3-60）。

图 3-60　ANT2

左侧点击【GPS_COM1】，然后在船体中选中 GPS_COM1，再点击【提交】按钮（图 3-61）。

图 3-61　GPS_COM1

左侧点击【GPS_COM2】，然后在船体中选中 GPS_COM2，再点击【提交】按钮（图 3-62）。

左侧点击【GPS_COM3】，然后在船体中选中 GPS_COM3，再点击【提交】按钮（图 3-63）。

左侧点击【GPS_COM4】，然后在船体中选中 GPS_COM4，再点击【提交】按钮（图 3-64）。

图 3-62　GPS_COM2

图 3-63　GPS_COM3

图 3-64　GPS_COM4

左侧点击【GPS_COM5】,然后在船体中选中 GPS_COM5,再点击【提交】按钮(图 3-65)。

图 3-65　GPS_COM5

左侧点击【GNSS】,然后在船体中选中 GNSS,再点击【提交】按钮(图 3-66)。

图 3-66　GNSS

左侧点击【IMU】,然后在船体中选中 IMU,再点击【提交】按钮(图 3-67)。

左侧点击【LAN】,然后在船体中选中 LAN,再点击【提交】按钮(图 3-68)。

左侧点击【PPS】,然后在船体中选中 PPS,再点击【提交】按钮(图 3-69)。

图 3-67　IMU

图 3-68　LAN

图 3-69　PPS

左侧点击【USB】，然后在船体中选中 USB，再点击【提交】按钮（图 3-70）。

图 3-70　USB

左侧点击【GPS_接电口】，然后在船体中选中 GPS_接电口，再点击【提交】按钮（图 3-71）。

图 3-71　GPS_接电口

左侧点击【GPS1】，然后在船体中选中 GPS1，再点击【提交】按钮（图 3-72）。

左侧点击【GPS2】，然后在船体中选中 GPS2，再点击【提交】按钮（图 3-73）。

左侧点击【GPS】，然后在船体中选中 GPS，再点击【提交】按钮（图 3-74）。

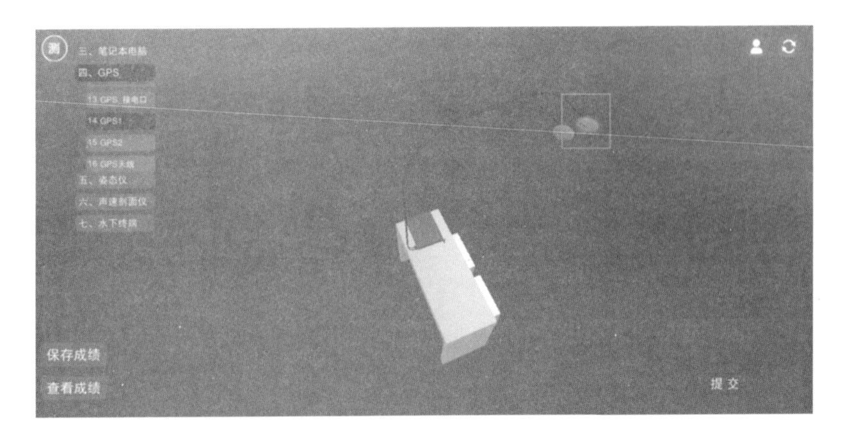

图 3-72　GPS1

图 3-73　GPS2

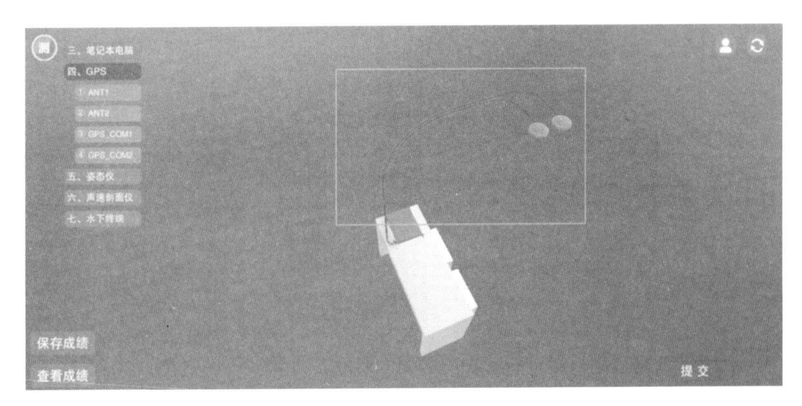

图 3-74　GPS

左侧点击【姿态仪接头】，然后在船体中选中姿态仪接头，再点击【提交】按钮(图 3-75)。

图 3-75　姿态仪接头

左侧点击【姿态仪机身】，然后在船体中选中姿态仪机身，再点击【提交】按钮(图 3-76)。

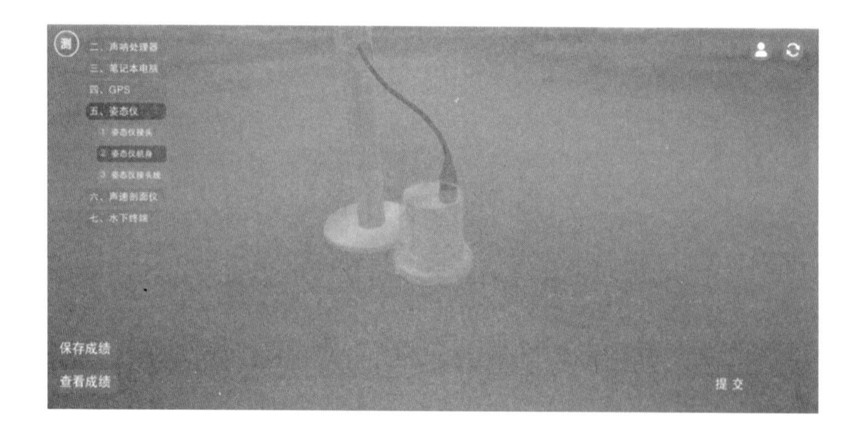

图 3-76　姿态仪机身

左侧点击【姿态仪接头线】，然后在船体中选中姿态仪接头线，再点击【提交】按钮(图 3-77)。

左侧点击【声速剖面仪机】，然后在船体中选中声速剖面仪机，再点击【提交】按钮(图 3-78)。

图 3-77　姿态仪接头线

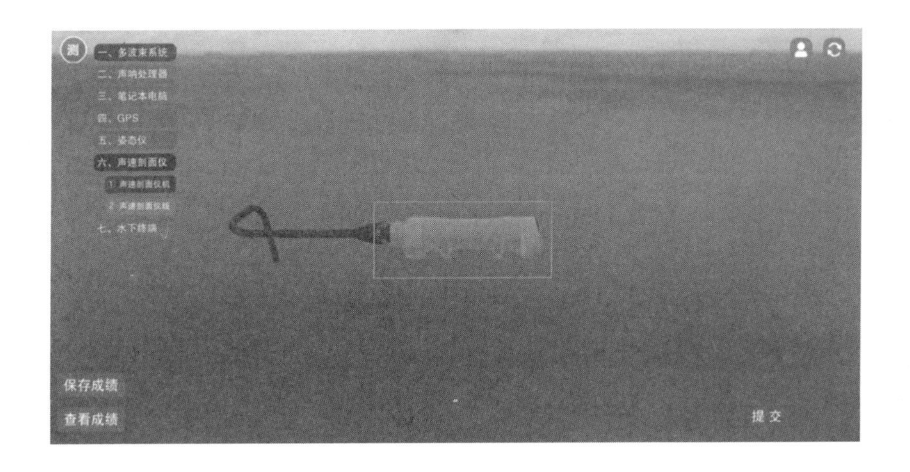

图 3-78　声速剖面仪机

左侧点击【声速剖面仪线】,然后在船体中选中声速剖面仪线,再点击【提交】按钮(图 3-79)。

左侧点击【保护壳】,然后在船体中选中保护壳,再点击【提交】按钮(图 3-80)。

左侧点击【发射阵单元】,然后在船体中选中发射阵单元,再点击【提交】按钮(图 3-81)。

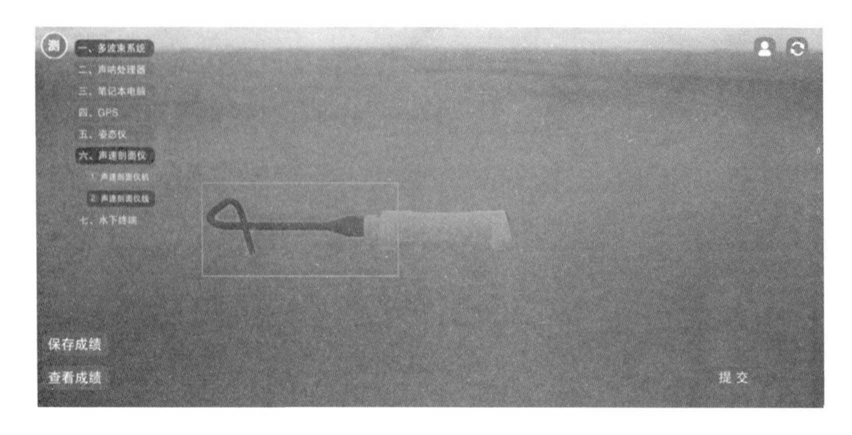

图 3-79　声速剖面仪线

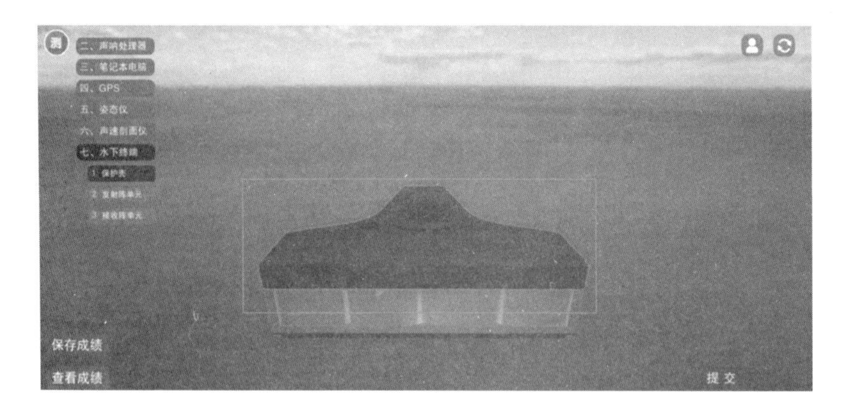

图 3-80　保护壳

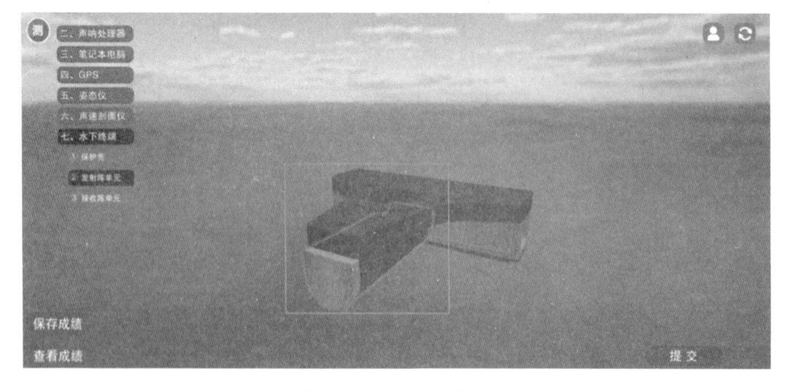

图 3-81　发射阵单元

左侧点击【接收阵单元】,然后在船体中选中接收阵单元,再点击【提交】按钮(图 3-82)。

图 3-82　接收阵单元

点击【查看成绩】,学生可以查看各个步骤的成绩(图 3-83)。

图 3-83　查看成绩

保存成绩,然后选择老师,上传成绩,相关老师可以查阅学生的成绩(图 3-84)。

② 多波束的测线布设(图 3-85)

通过学习测线布设相关技术标准,可以为学生在后续的相关参数选择中,提供依据。

图 3-84　上传成绩

测深线间距

测量类别	工程类别或阶段		测深线间距（沿海）	测深线间距（内河 重点水域）	测深线间距（内河 一般水域）
规划和设计测量	规划和可行性研究		图上 20mm		
	初步设计				
	施工图设计				
施工测量	基槽	硬底质	5m		
		中、软底质	10m		
	炸礁、船闸、船坞	单波束测探	3～5m		
		多通道测探	有效扫宽全覆盖测区		
		多波束测探	有效扫宽全覆盖测区		
	疏浚	硬底质	图上 10mm	图上 10mm	
		中、软底质	图上 15mm		
	吹填		图上 20mm		

图 3-85　测线布设

学生可以根据不同的水深，设置不同的扫幅宽度参数（图 3-86），为后续的多波束测量提供练习数据。

学生通过学习测线知识，完成 4 个习题，参考答案：60°、164.4°、＜＝48 m、＜＝131.52 m（图 3-87）。

填写完成后，点击【保存】按钮保存成绩，点击【提交】按钮提交成绩（图 3-88）。

3.2.2.3　浚中测量

测量过程如下：

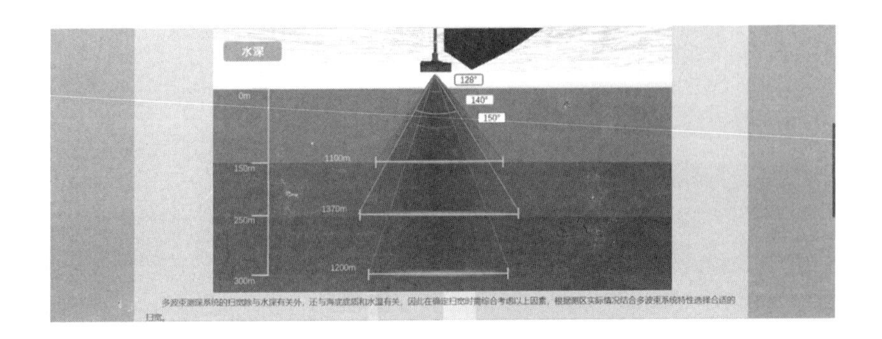

图 3-86　多波束扫宽设置

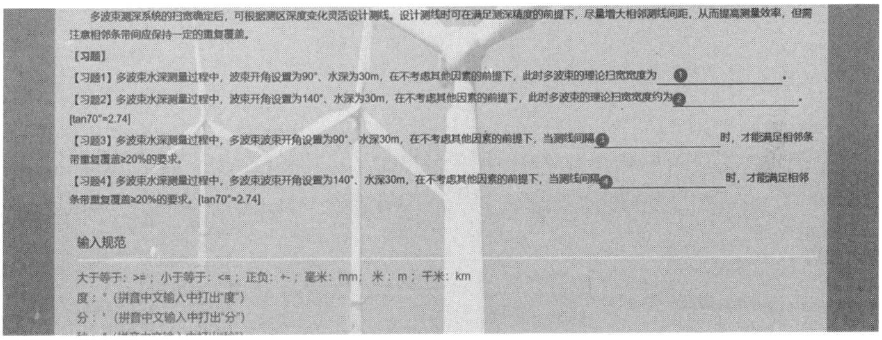

多波束测深系统的扫宽确定后，可根据测区深度变化灵活设计测线。设计测线时可在满足测深精度的前提下，尽量增大相邻测线间距，从而提高测量效率，但需注意相邻条带间应保持一定的重复覆盖。

【习题】

【习题1】多波束水深测量过程中，波束开角设置为90°、水深为30m，在不考虑其他因素的前提下，此时多波束的理论扫宽宽度为 ① ________。

【习题2】多波束水深测量过程中，波束开角设置为140°、水深为30m，在不考虑其他因素的前提下，此时多波束的理论扫宽宽度约为 ② ________。[tan70°=2.74]

【习题3】多波束水深测量过程中，多波束波束开角设置为90°、水深30m，在不考虑其他因素的前提下，当测线间隔 ③ ________ 时，才能满足相邻条带重复覆盖≥20%的要求。

【习题4】多波束水深测量过程中，多波束波束开角设置为140°、水深30m，在不考虑其他因素的前提下，当测线间隔 ④ ________ 时，才能满足相邻条带重复覆盖≥20%的要求。[tan70°=2.74]

输入规范

大于等于：>=；小于等于：<=；正负：+-；毫米：mm；米：m；千米：km

度：°（拼音中文输入中打出“度”）

分：′（拼音中文输入中打出“分”）

图 3-87　扫幅宽度习题

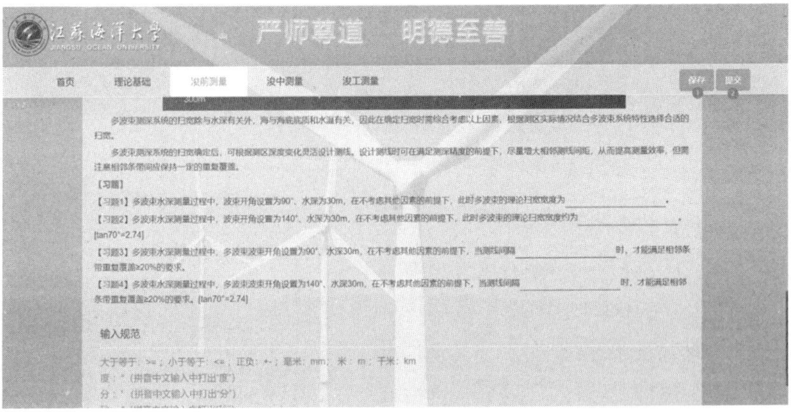

多波束测深系统的扫宽除与水深有关外，海与海底底质和水温有关，因此在确定扫宽时需综合考虑以上因素，根据测区实际情况结合多波束系统特性选择合适的扫宽。

多波束测深系统的扫宽确定后，可根据测区深度变化灵活设计测线。设计测线时可在满足测深精度的前提下，尽量增大相邻测线间距，从而提高测量效率，但需注意相邻条带间应保持一定的重复覆盖。

【习题】

【习题1】多波束水深测量过程中，波束开角设置为90°、水深为30m，在不考虑其他因素的前提下，此时多波束的理论扫宽宽度为 ________。

【习题2】多波束水深测量过程中，波束开角设置为140°、水深为30m，在不考虑其他因素的前提下，此时多波束的理论扫宽宽度约为 ________。[tan70°=2.74]

【习题3】多波束水深测量过程中，多波束波束开角设置为90°、水深30m，在不考虑其他因素的前提下，当测线间隔 ________ 时，才能满足相邻条带重复覆盖≥20%的要求。

【习题4】多波束水深测量过程中，多波束波束开角设置为140°、水深30m，在不考虑其他因素的前提下，当测线间隔 ________ 时，才能满足相邻条带重复覆盖≥20%的要求。[tan70°=2.74]

输入规范

大于等于：>=；小于等于：<=；正负：+-；毫米：mm；米：m；千米：km

度：°（拼音中文输入中打出“度”）

分：′（拼音中文输入中打出“分”）

图 3-88　保存与提交成绩

点击【开始实验】，学生可以进行相关练习和测试（图 3-89）。

图 3-89　开始实验

左侧点击【开箱】，然后在船体中选中设备，再点击【提交】按钮（图 3-90）。

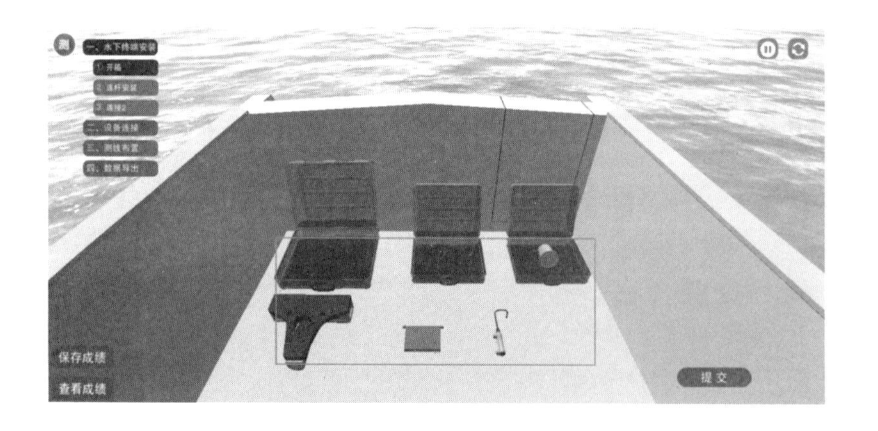

图 3-90　开箱

拖动组装连杆，然后点击【提交】按钮（图 3-91）。

在船体中，拖动安装多波束装置，点击【提交】按钮（图 3-92）。

连接声呐处理器等各类水下终端，点击【提交】按钮（图 3-93）。

连接其他仪器，然后点击【提交】按钮（图 3-94）。

将电脑与其他仪器连接，点击【提交】按钮（图 3-95）。

将 GPS 与电脑和声呐进行连接，点击【提交】按钮（图 3-96）。

图3-91　连杆安装

图3-92　安装多波束装置

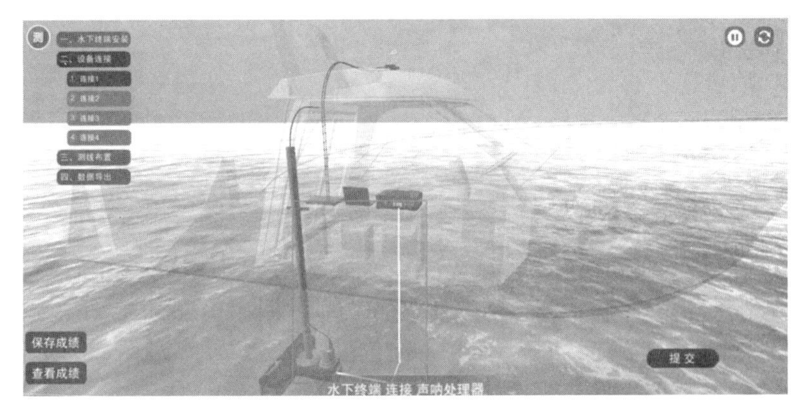

图3-93　连接仪器

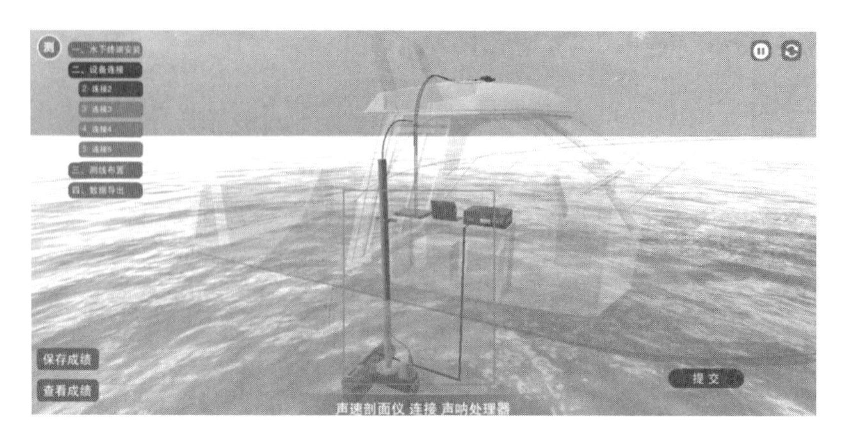

图 3-94　连接其他仪器

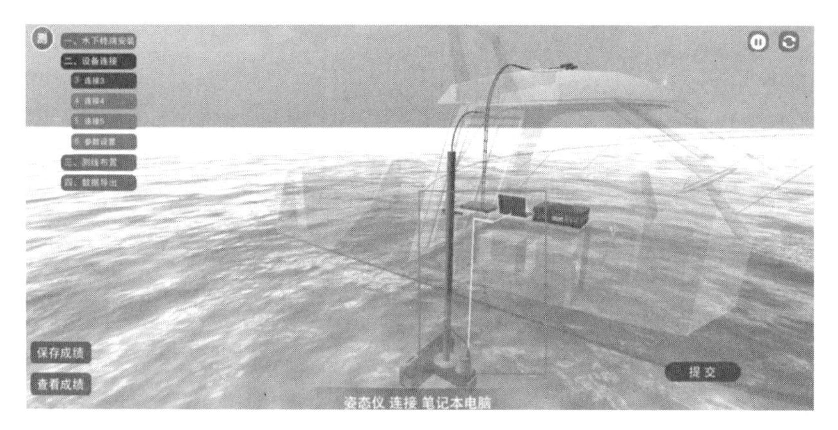

图 3-95　连接电脑

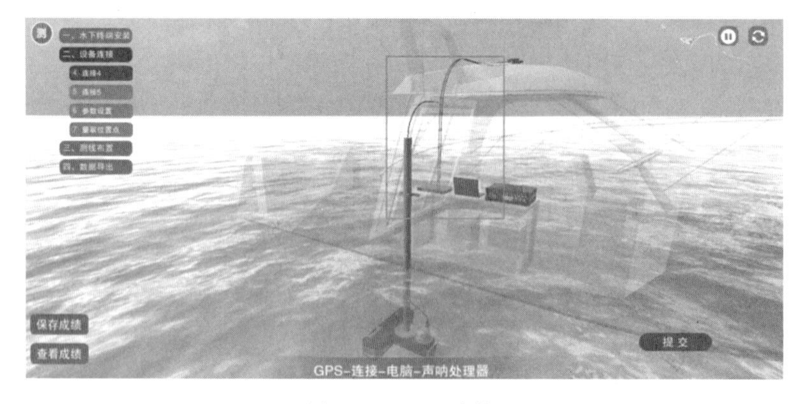

图 3-96　GPS 连接

通过设置输入参数值，为测量做好准备，点击【提交】按钮（图3-97）。

图3-97　参数设置

点击【量取位置点】，然后点击【提交】按钮（图3-98）。

图3-98　量取位置点

点击【软件启动】，启动计算机内测量软件（图3-99）。

等待软件启动后，点击【提交】按钮（图3-100）。

设置旁向重叠度、航线水平角，然后点击左侧绘制航线区域后，确定航行路线绘制航线，点击侧剖图（图3-101）。

根据侧剖图，选择扫描角度，计算重叠度填写后返回顶视图（图3-102）。

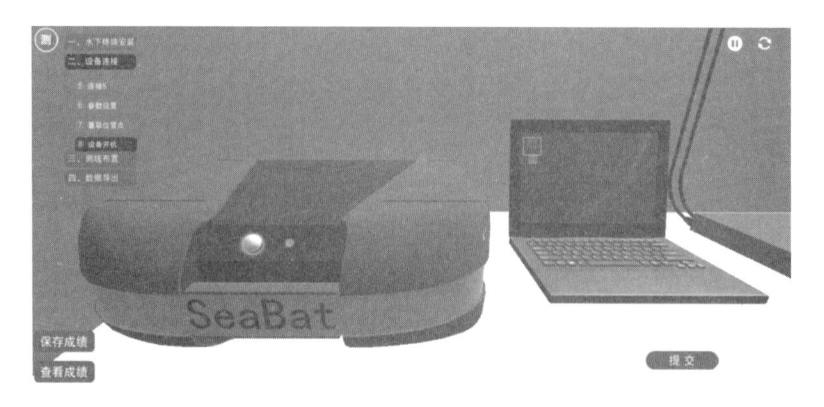

图 3-99　启动软件

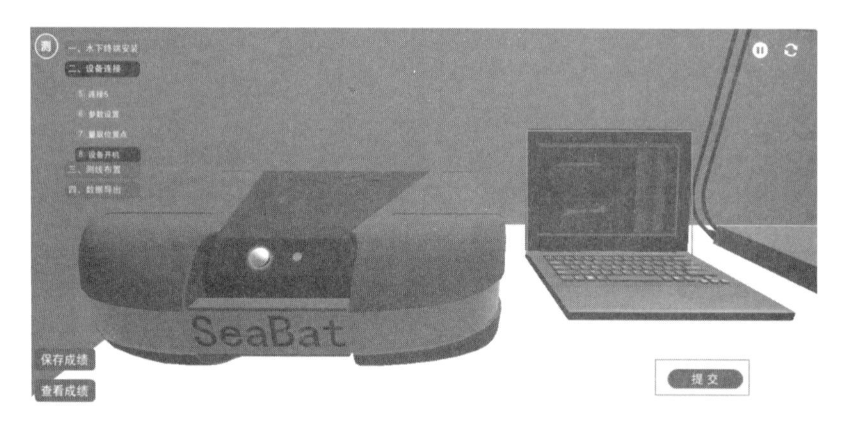

图 3-100　软件启动后的界面

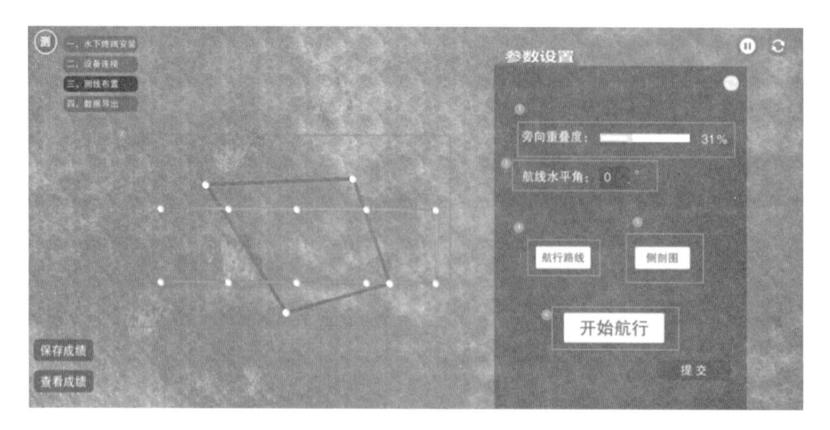

图 3-101　旁向重叠度和航线水平角设置

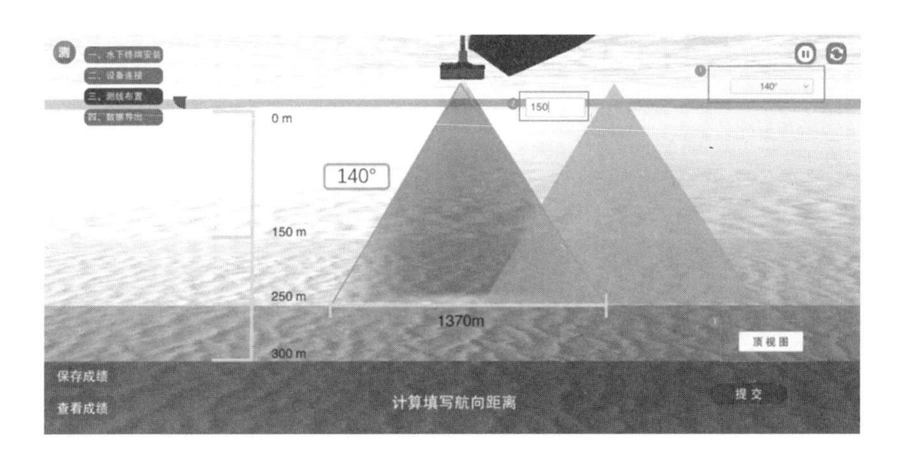

图 3-102　扫测角度

点击【开始航行】，开始扫描作业，确认无误后，点击【提交】按钮（图 3-103）。

图 3-103　扫描作业

点击电脑接口连接电脑，待连接上电脑后，点击【提交】按钮（图 3-104）。

观测设置扫描成像图和相关参数变化，无误后，点击【提交】按钮（图 3-105）。

导出扫测数据，点击【导出】到存储设备，然后点击【提交】按钮（图 3-106）。

点击【查看成绩】，学生可以查看各项成绩（图 3-107）。

提交前，选择要提交的老师，然后提交（图 3-108）。

3.2.2.4　竣工测量

(1) 竣工测量过程

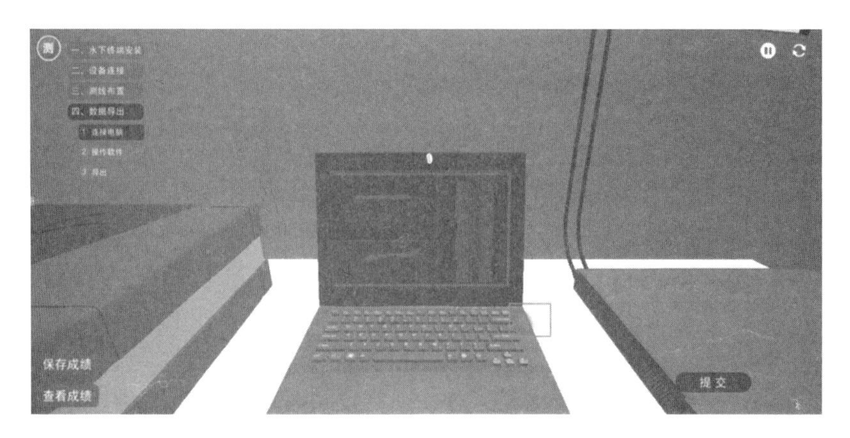

图 3-104　连接电脑

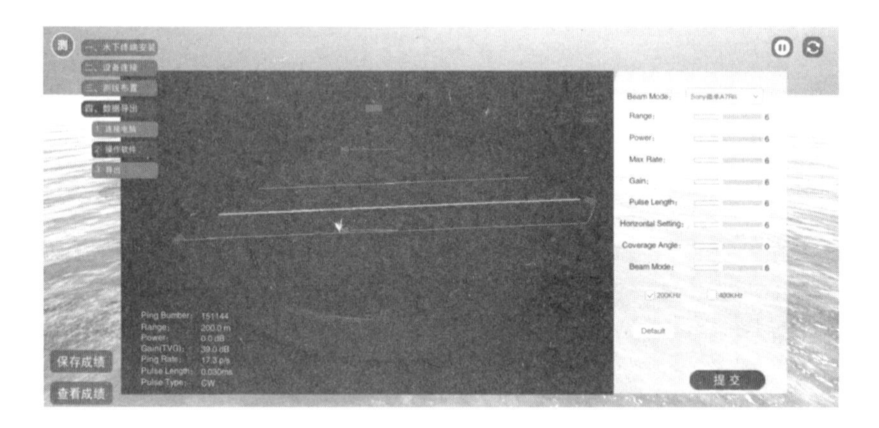

图 3-105　软件操作

图 3-106　导入存储设备

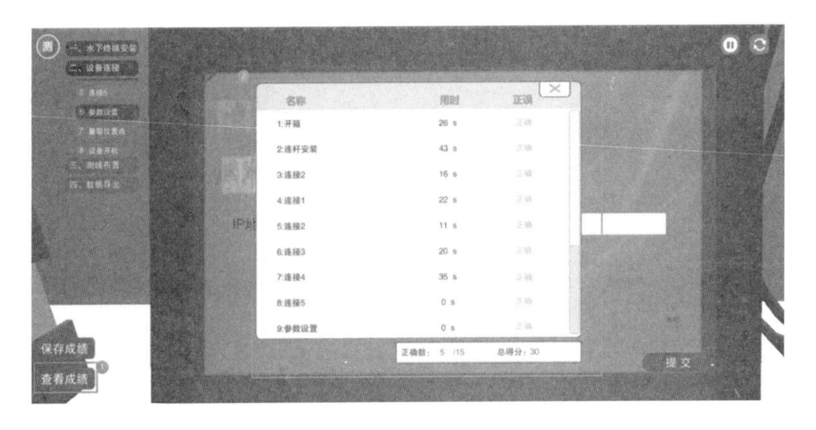

图 3-107　查看成绩

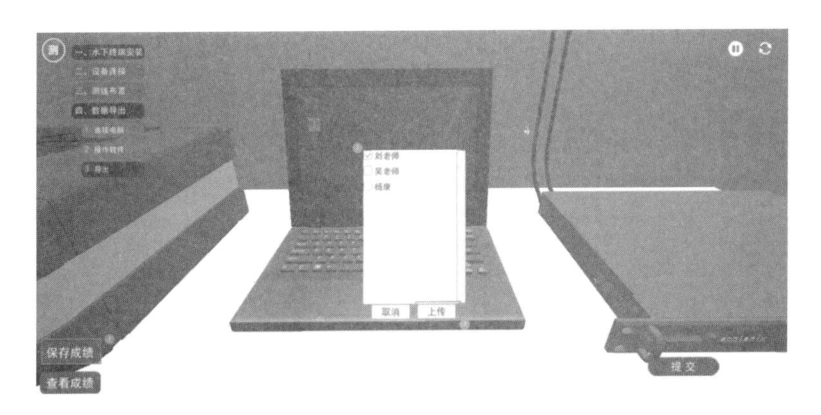

图 3-108　成绩提交

选择【取集】目录下的【选点】按钮，依次选择①、②、③、④ 4 个角点(图 3-109)。

图 3-109　选点

选择土方 B 的①、②、③、④ 4 个角点，点击【提交】按钮(图 3-110)。

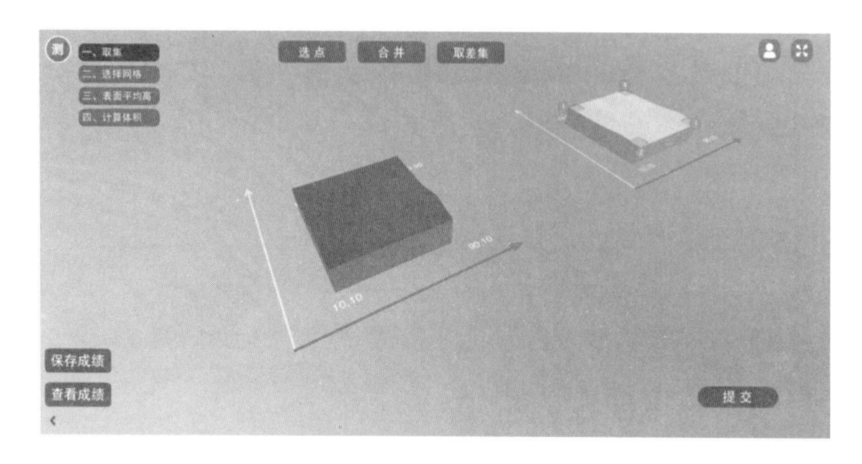

图 3-110　选择角点

点击【合并】,将 4 个角点合并，构建网格(图 3-111)。

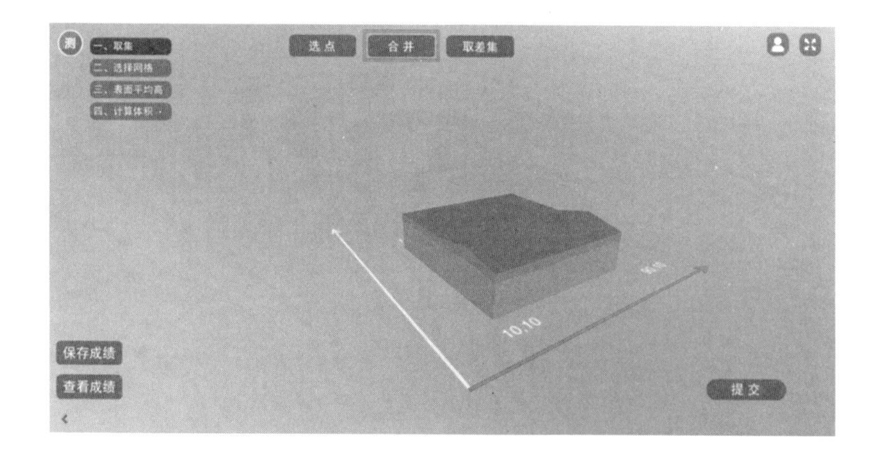

图 3-111　合并

点击【取差集】,点击【提交】按钮，提交本步骤成绩(图 3-112)。

选择【选择网格】,输入格网边长 20,点击【分割】按钮(图 3-113),结果如图 3-114 所示。

点击【提交】按钮，提交本步骤成绩。

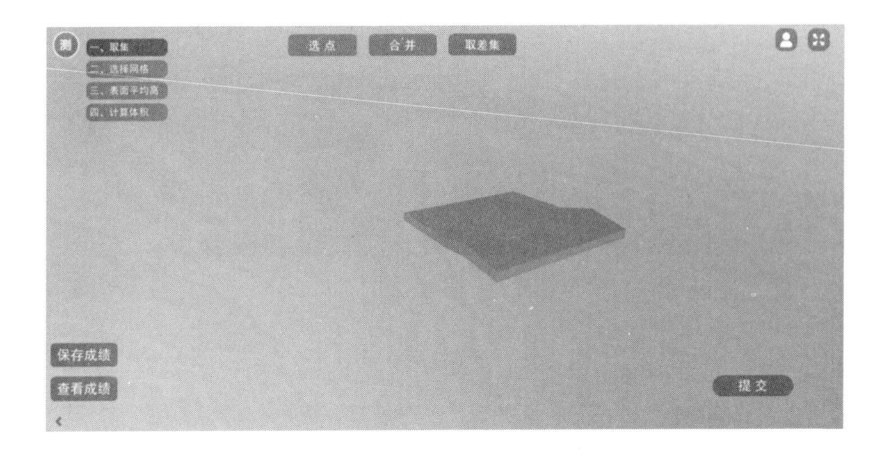

图 3-112　取差

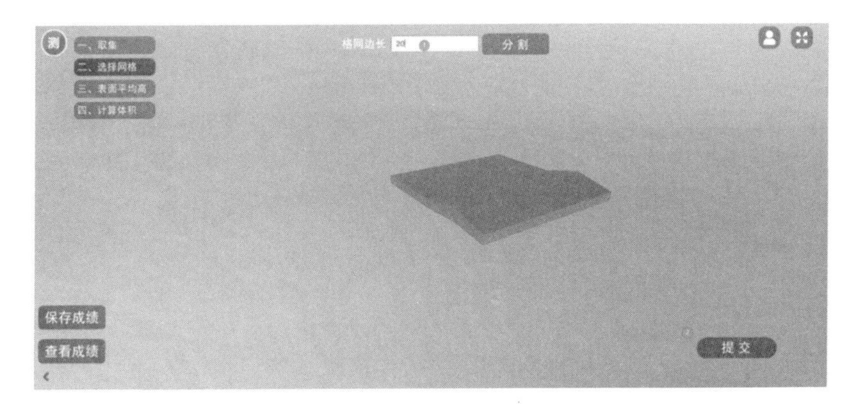

图 3-113　选择网格，输入格网边长

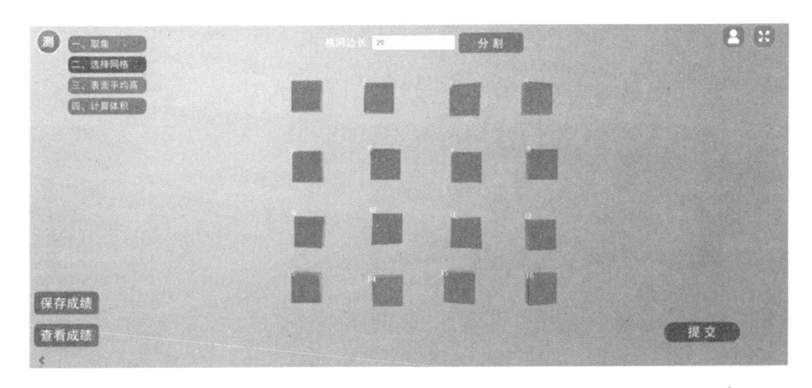

图 3-114　分割结果

选择【表面平均高】目录，输入四方体编号 13，点击【确定】按钮(图 3-115)。

图 3-115 表面平均高

点击【显示上表面】按钮，输入 4 个上表面数值和上表面平均高程，参考答案：52.302 5(图 3-116)。

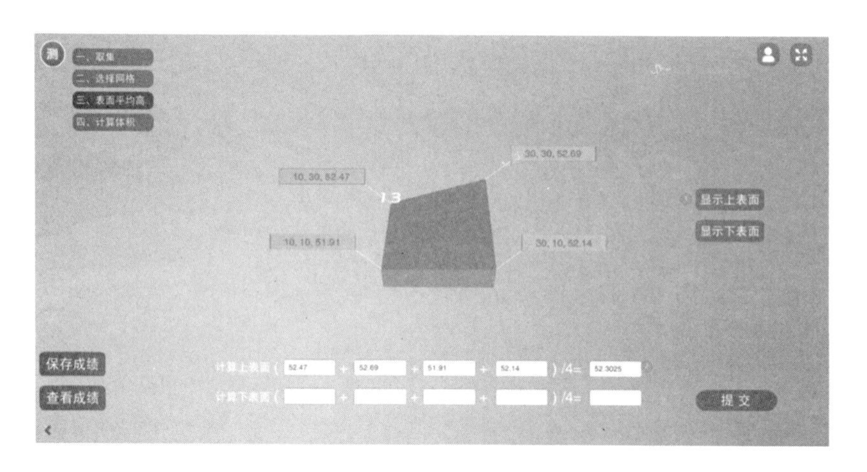

图 3-116 显示上表面

点击【显示下表面】，输入 4 个下表面数值和下表面平均高程，参考答案：49.552 5。然后点击【提交】按钮提交本步骤成绩(图 3-117)。

填写相关数据，四方体编号 13，计算并填写四方体高，参考答案：2.75(图 3-118)。

点击【生成四方体】，即可根据输入的参数，生成相应四方体(图 3-119)。

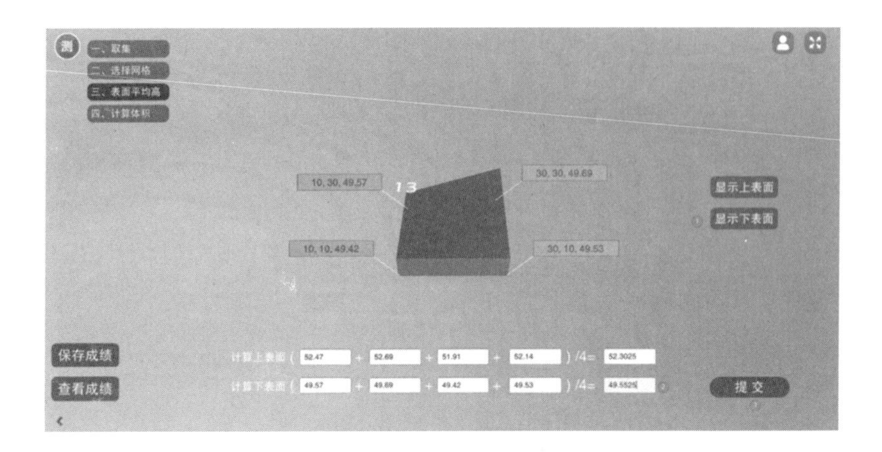

图 3-117　显示下表面

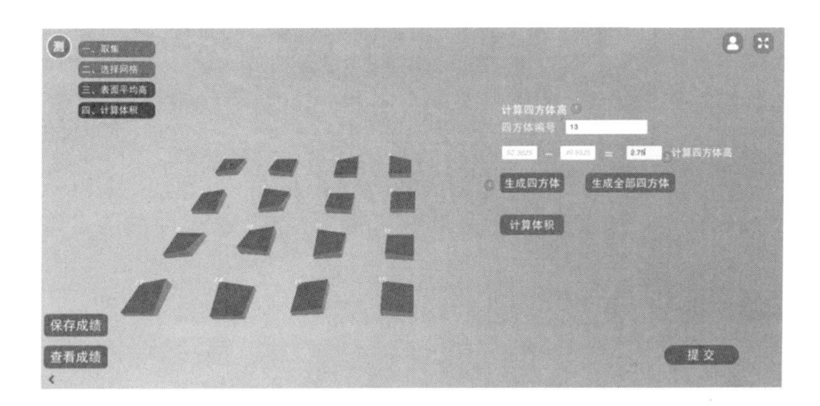

图 3-118　填写数据

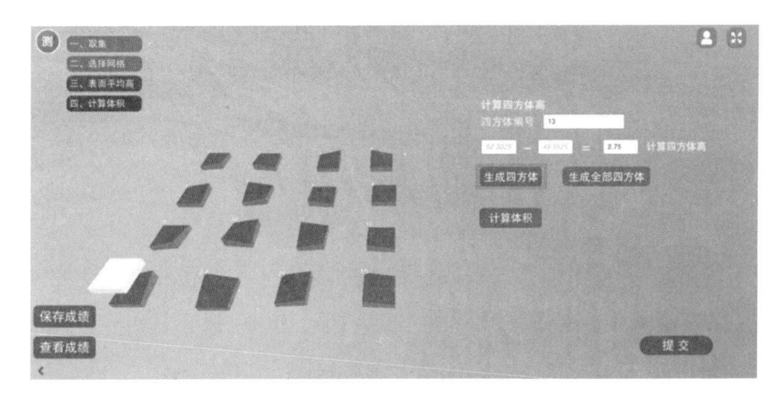

图 3-119　生成单个四方体

点击【生成全部四方体】，每个四方体根据输入参数，生成相应四方体(图 3-120)。

图 3-120　生成全部四方体

点击【计算体积】，输入计算得来的高程，填入计算的体积，参考答案 2.75、55(图 3-121)。

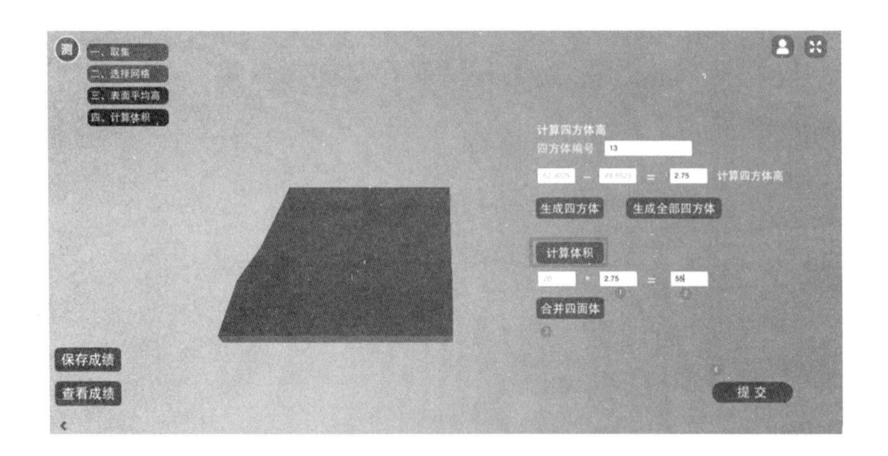

图 3-121　计算体积

点击【合并四面体】，然后点击【提交】按钮，提交本步骤成绩(图 3-122)。

点击【保存成绩】按钮，保存成绩。然后选择老师、点击【上传】按钮，完成上传(图 3-123)。

(2) 测量精度

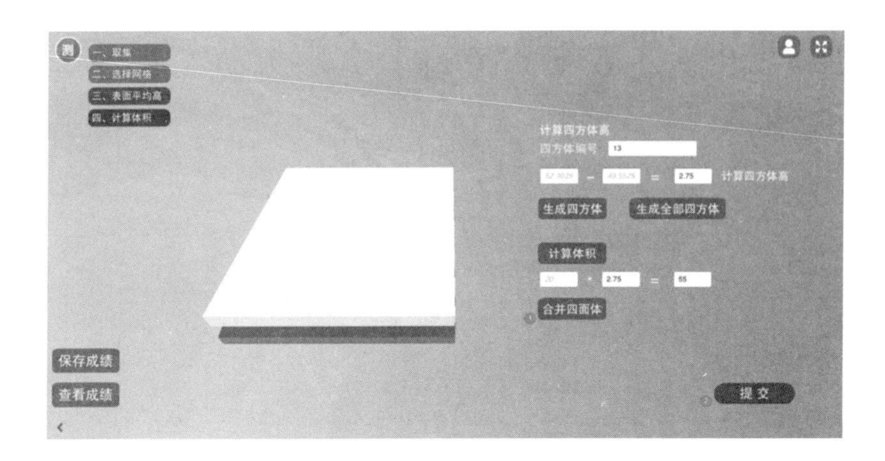

图 3-122　合并四面体

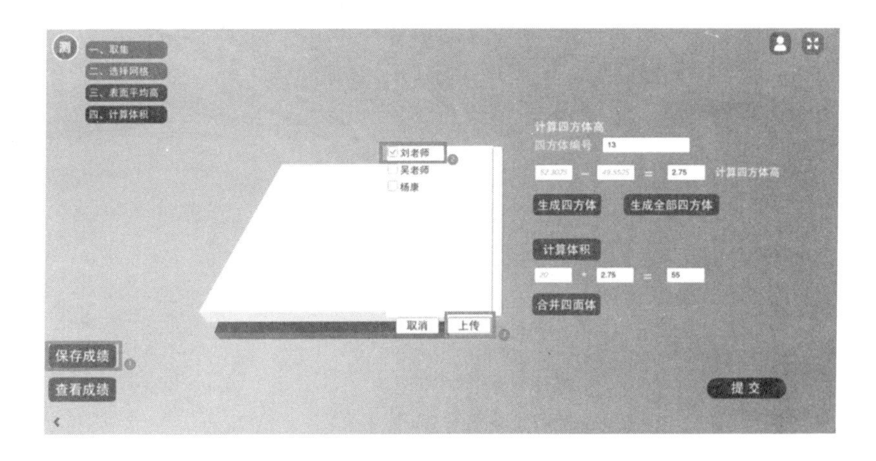

图 3-123　保存成绩

① 平面位置测量精度

学习平面位置测量精度知识,完成习题(图 3-124)。

填写完成后(参考答案:1.0),点击【保存】按钮保存成绩,点击【提交】按钮提交成绩(图 3-125)。

② 水深测量精度

学习水深测量精度知识,然后完成习题,练习案例如图 3-126 所示,完成练习见图 3-127。

图 3-124　误差分析

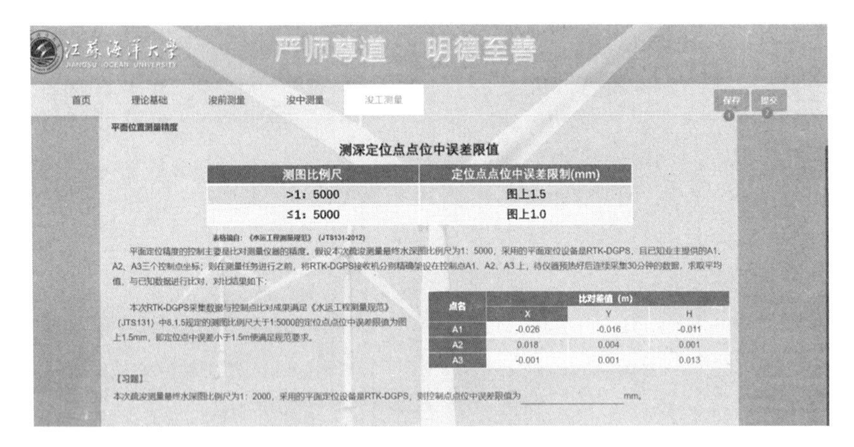

图 3-125　提交成果

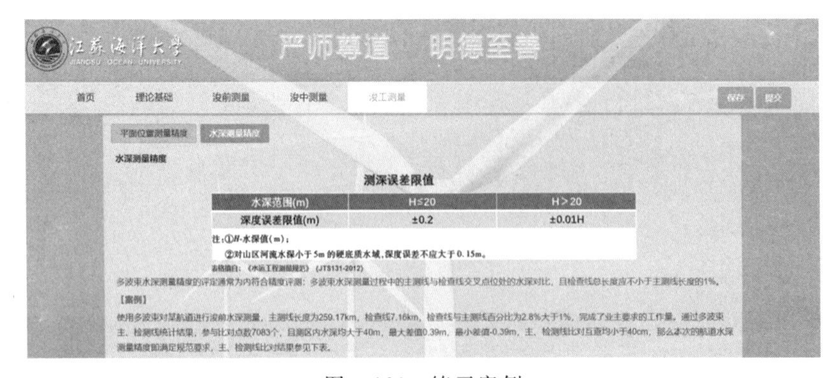

图 3-126　练习案例

主、检测线比对统计表

日期	≤10cm	10cm-20cm	20cm-30cm	30cm-40cm	>40cm	总点数
2017/11/12	319	162	63	34	0	
2017/11/13	891	471	207	107	0	
2017/11/14	900	281	143	58	0	
2017/11/15	731	294	133	88	0	
2017/11/16	520	333	179	89	0	7083
2017/11/17	167	157	97	45	0	
2017/11/18	340	210	51	4	0	
点数	3877	1908	873	425	0	
百分比	54.74%	26.94%	12.32%	6.00%	0%	

【习题】

使用多波束对某航道进行浚前水深测量，其主测线长度为316.52km，那么其检查线应不小于 ① km。通过多波束主、检测线统计结果，参与比对点数7083个，测区内水深均大于35m，其最大差值为 ② m，其最小差值为 ③ m。

图 3-127　完成练习

题目完成后，点击【保存】和【提交】。习题参考答案：3.165 2、+0.35、-0.35（图 3-128）。

日期	≤10cm	10cm-20cm	20cm-30cm	30cm-40cm	>40cm	总点数
2017/11/12	319	162	63	34	0	
2017/11/13	891	471	207	107	0	
2017/11/14	900	281	143	58	0	
2017/11/15	731	294	133	88	0	
2017/11/16	520	333	179	89	0	7083
2017/11/17	167	157	97	45	0	
2017/11/18	340	210	51	4	0	
点数	3877	1908	873	425	0	
百分比	54.74%	26.94%	12.32%	6.00%	0%	

图 3-128　保存和提交成果

3.3　成绩查询

3.3.1　学生查询

3.3.1.1　个人桌面

学生可以打开个人桌面，查看当前用户参与教师指定实验任务的执行情况，可以访问实验测评、仿真错题、修改密码（图 3-129）。

根据学生提交的成果，教师可以查看各个题目是否完成，以及完成的比例，还可以查阅不同时间段学生进行测评的次数（图 3-130）。

3.3.1.2　实验测评

进入实验测评，学生可以查看自己参与过的所有实验任务的总结，包括评测时间、评测任务、题目数量、正确率、成绩、耗时、负责老师等（图 3-131）。

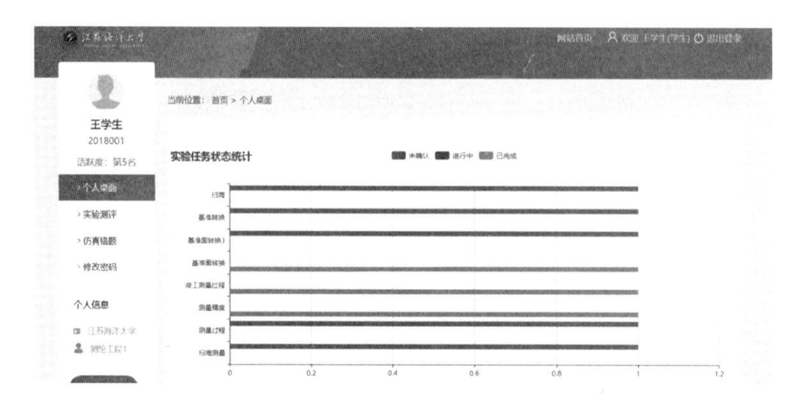

图 3-129　各个题目完成情况统计

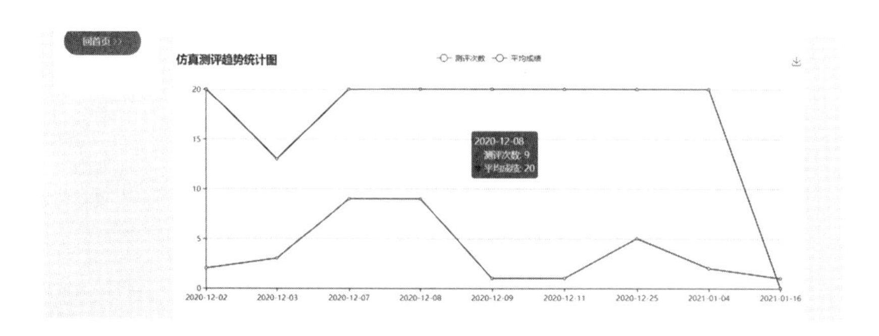

图 3-130　测评次数统计

王学生
2018001
活跃度：第5名
›个人桌面
›实验测评
›仿真错题
›修改密码
个人信息
回首页 >>

当前位置：首页 > 个人中心 > 我的成绩

实验项目：-全部实验-　开始时间：年/月/日 - 年/月/日　查询

评测时间	评测任务/实验	题数	正确/错误/未作答	成绩	耗时(s)	负责老师	操作
2021-01-16 12:51:56	理论基础/基准面转换	3	0/3/0	0	4	刘老师	查看
2021-01-04 20:37:37	竣工测量/测量精度	4	0/4/0	20	0	吴老师	查看
2021-01-04 20:37:27	竣工测量/测量精度	4	0/4/0	20	0	吴老师	查看
2020-12-25 21:10:27	竣前测量/多波束测先布设	4	0/0/4	20	0	吴老师	查看
2020-12-25 20:53:24	竣工测量/测量精度	4	0/1/3	20	0	吴老师	查看
2020-12-25 20:52:35	竣工测量/竣工测量过程	4	0/4/0	20	0	吴老师	查看
2020-12-25 20:43:29	理论基础/基准面转换	4	0/4/0	20	0	吴老师	查看

图 3-131　学生各个模块完成情况统计

点击其中的某一个实验，可以进一步查看参与该实验的具体错误情况，发现存在的认知问题。

3.3.1.3　仿真错题

进入仿真错题，学生可以查看自己在参与实验任务过程中所犯过的错误，类似于错题本，目的是帮助学生了解自己在该实验中的薄弱知识点内容(图 3-132)。

图 3-132　错题查看

3.3.1.4　修改密码

学生可以自行修改当前登录用户的密码(图 3-133)。

图 3-133　密码修改

3.3.2 老师查询

教师可以点击【个人中心】,进入自己负责的相关工作(图 3-134)。

图 3-134 教师个人中心

3.3.2.1 个人桌面

从【个人桌面】进入【个人中心】后,教师可以查看当前任务状态,查看自己负责的学生提交成果情况(图 3-135)。

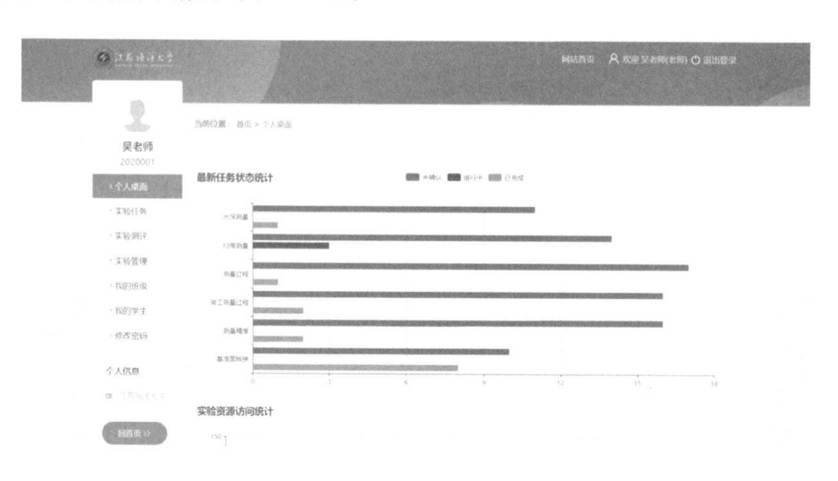

图 3-135 教师个人桌面

3.3.2.2 实验任务

教师可以为自己负责班级分别指定需要参与的实验任务:选择班级、选择实验任务、指定参与实验活动的时间范围，定制完成后，即可作为实验任务统一发布。

符合上述指定范围的学生，可以自行查看分配给自己的实验任务及其他相关说明信息，并参与实验活动。

教师通过点击【实验任务】，可以创建任务(图 3-136)。

图 3-136　实验任务

点击【查看】，教师可以查看各个实验任务总体完成情况(图 3-137)。

图 3-137　查看实验任务

教师可以查看每个学生的实验任务完成状态和完成时间(图 3-138)。

当前位置: 首页 > 实验任务 > 任务详情
吴老师
2020001
个人桌面
实验任务
实验测评
实验管理
我的班级
我的学生
修改密码
个人信息
江苏海洋大学
任务名称: 基准面转换
任务状态: 已结束
发布时间: 2020-12-02 15:58:27
基准面转换
汇总: 共 18 位, 未确认 10 位, 进行中 0 位, 已完成 8 位, 过期未完成 0 位
序号
学生
状态
完成时间
操作
1 李同学 已完成 2021-01-15
2 王学生 已完成 2020-12-25
3 张学生 已完成
4 宗同学 新任务,未查看
5 启元学生 新任务,未查看

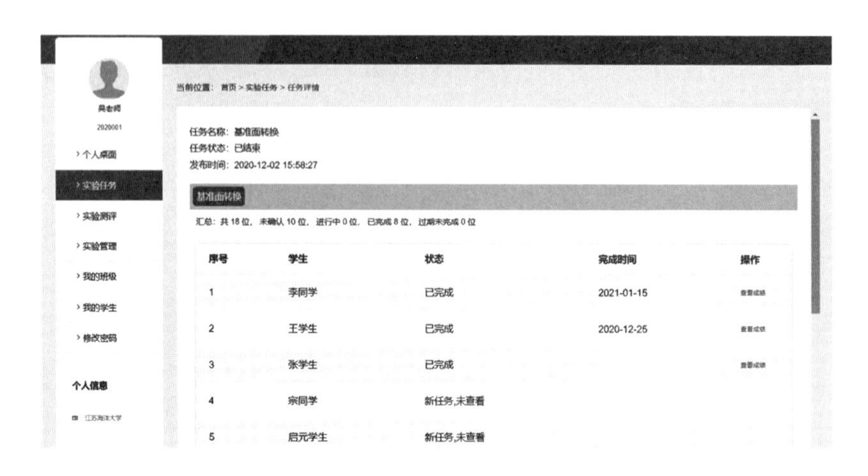

图 3-138　查看每个学生完成情况

点击【查看】,教师可以查看每个学生在此项目中的成绩(图 3-139)。

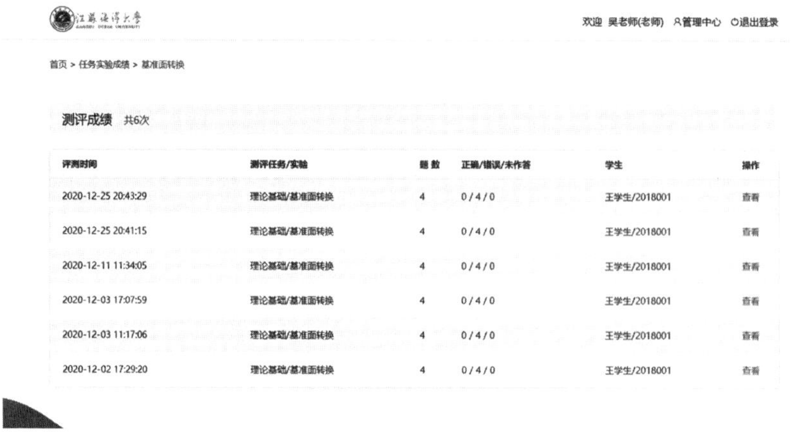

欢迎 吴老师(老师) 管理中心 退出登录
首页 > 任务实验成绩 > 基准面转换
测评成绩 共6次
评测时间
测评任务/实验
题数
正确/错误/未作答
学生
操作
2020-12-25 20:43:29 理论基础/基准面转换 4 0/4/0 王学生/2018001 查看
2020-12-25 20:41:15 理论基础/基准面转换 4 0/4/0 王学生/2018001 查看
2020-12-11 11:34:05 理论基础/基准面转换 4 0/4/0 王学生/2018001 查看
2020-12-03 17:07:59 理论基础/基准面转换 4 0/4/0 王学生/2018001 查看
2020-12-03 11:17:06 理论基础/基准面转换 4 0/4/0 王学生/2018001 查看
2020-12-02 17:29:20 理论基础/基准面转换 4 0/4/0 王学生/2018001 查看

图 3-139　成绩查看

3.3.2.3　实验测评

教师可以查看已分配给对应班级的所有实验任务信息。

教师可以根据任务设置情况,查看学生选择的任务信息(图 3-140)。

选定其中的一项实验后,可以进一步查看该班级所有学生参与实验的最新进度状况(图 3-141),以及该实验所有知识点的错误率排名情况。

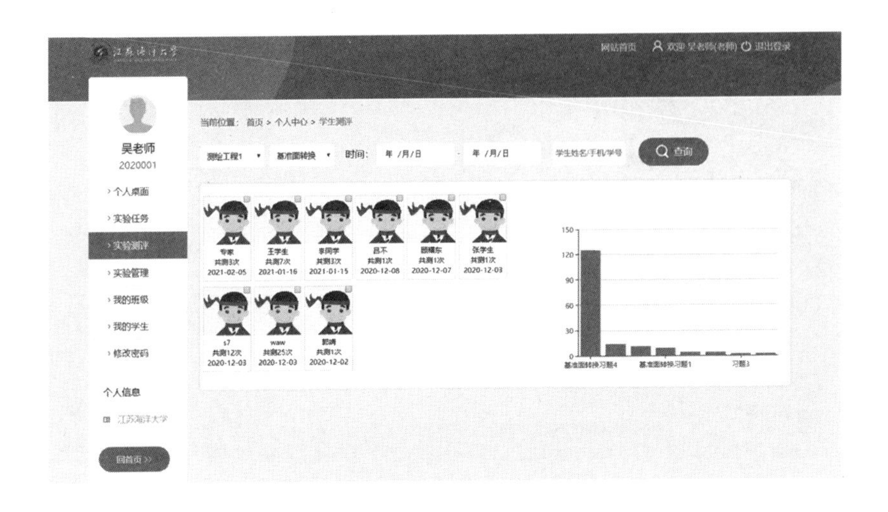

图 3-140　查看任务信息

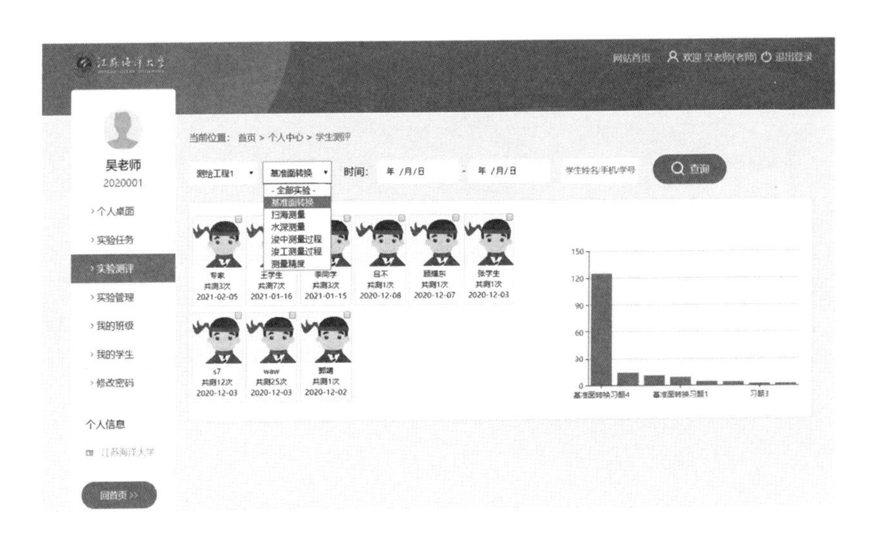

图 3-141　查看实验进度

教师可以查阅某个学生的错题情况，以便后续持续改进教学方法(图 3-142)。

3.3.2.4　实验管理

教师可以查看系统管理员分配给自己、可访问的所有实验信息，以及各实验承载的知识点/技能点信息。

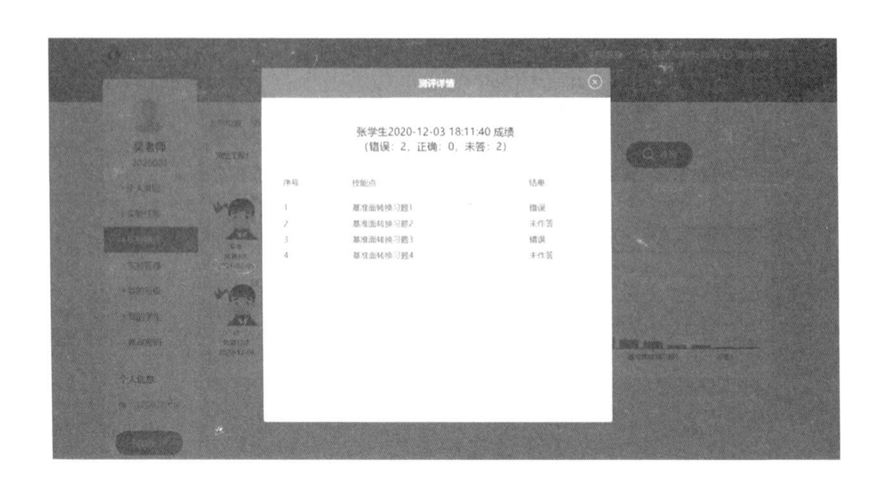

图 3-142　单个学生的错题统计

教师可以查询各个项目学生浏览次数、测评数和完成时间等信息(图 3-143)。

图 3-143　实验管理界面

3.3.2.5　我的班级

教师可以查看系统管理员分配给自己的所有班级信息。

创建的班级中，有负责教师、实验名称和创建时间等相关信息(图 3-144)。

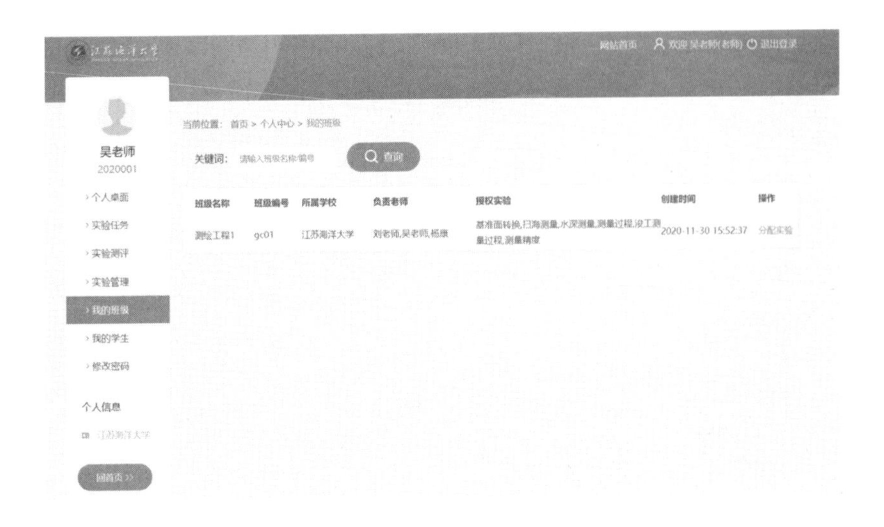

图 3-144　班级创建

对于划分好的班级,可以将各个实验进行有效分配(图 3-145)。

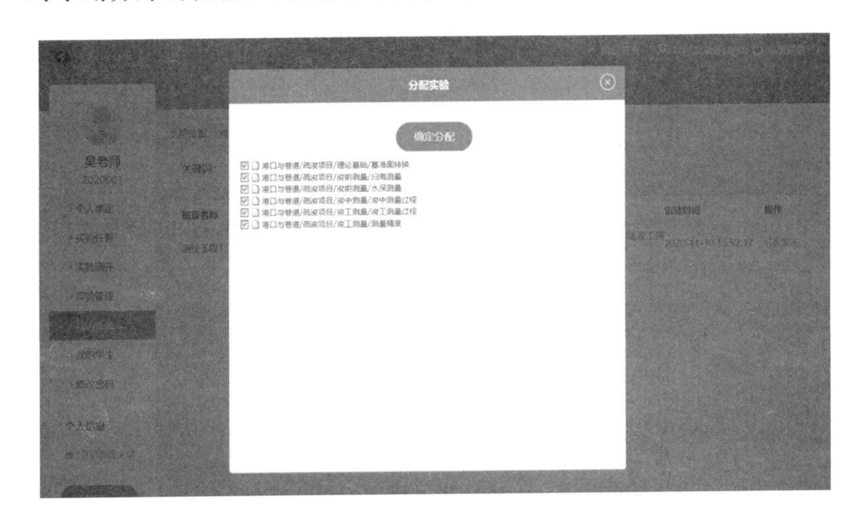

图 3-145　班级中分配的实验

3.3.2.6　我的学生

教师可以查看系统管理员分配给自己班级的所有学生信息(图 3-146)。

教师可以查看学生学号、所在班级、所在学校和注册时间,及时了解学生相关动态。

学生姓名	学生学号	学生手机	所在班级	所在学校	注册时间	状态	操作
演示	19943214321	演示	测绘工程1	江苏海洋大学	2021-01-04 10:06:47	已审核	
专家	a1011	专家	测绘工程1	江苏海洋大学	2020-12-28 15:59:23	已审核	
wdwaa	a12122	wdwaa	测绘工程1	江苏海洋大学	2020-12-11 10:35:33	已审核	
wdwa	a12122	wdwa	测绘工程1	江苏海洋大学	2020-12-11 10:20:23	已审核	
dongyanda	0031	dongyanda	测绘工程1	江苏海洋大学	2020-12-10 15:18:43	已审核	
wdwa	a12122	wdwa	测绘工程1	江苏海洋大学	2020-12-09 16:44:58	已审核	
吕不	A112	吕不	测绘工程1	江苏海洋大学	2020-12-08 11:32:03	已审核	

图 3-146　分配的学生信息

3.3.2.7　修改密码

教师可以根据情况，进行新旧登录密码的修改和完善(图 3-147)。

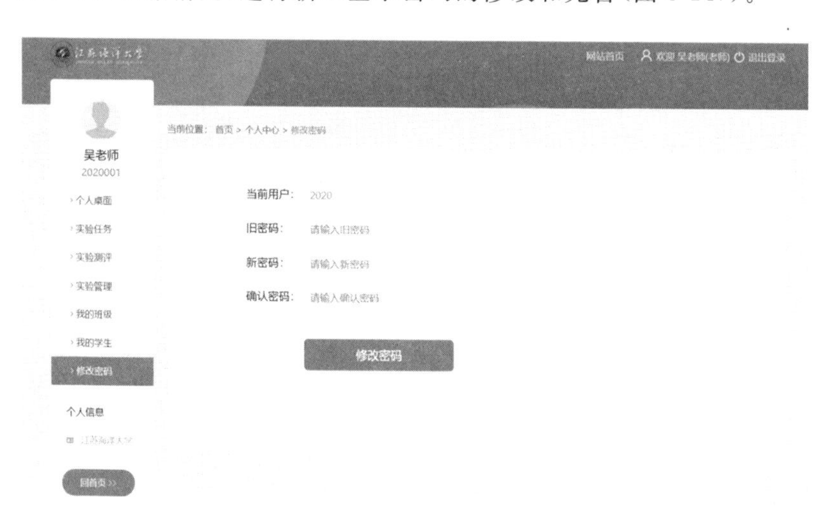

图 3-147　密码修改

第 4 章　海洋工程技术实验平台及实验操作

4.1　海洋工程技术研究中心简介

海洋工程技术研究中心依托江苏省实验教学与实践教育中心-江苏海洋大学海洋工程技术综合训练中心、连云港市海洋与船舶工程研发服务中心、江苏海洋大学海洋智能装备研究院建设。2011 年被遴选为江苏省实验教学示范中心，新建设海洋工程技术研究中心 3 500 m^2 的独立实验大厅；建设有 50 m×25 m×1.5 m 大型船舶与海洋工程动力水池、30 m×25 m×5 m 海洋测量消声水池、70 m×1.5 m×1.8 m 长大型直线和直径 2.5 m 环形波流水槽。这些水池和水槽均由中国船舶重工集团公司第 702 研究所设计制造，总投资达 4 000 万元。该中心建有目前国内唯一的海洋无人艇远程操控系统，可以对中国沿海无人艇进行实时监控和操控，是目前国内集成度最高的综合海洋工程实验室之一。

海洋工程技术研究中心可为海洋物理、海洋地质、海洋测量、海岸结构工程、海洋环境工程、环境流体力学、水力学、泥沙动力学、海洋调查与观测、海岸侵蚀与防护、水文地质学、港口水工学、航港流体学、船舶与动力学等数十门本科、研究生课程提供实践教学平台；为江苏省海洋科学技术优势学科、连云港市海洋与船舶工程研发服务中心和江苏海洋大学海洋智能装备研究提供支撑；同时为学科建设、研究生培养及承担国家、省市重大科研项目提供实验基础条件；为江苏省海洋工程技术类专业的实验训练教学起到示范和辐射作用，为建设江苏海洋大学打好坚实基础。

海洋工程技术综合实验中心测试设备如表 4-1 所示。

表 4-1　海洋工程技术综合实验中心测试设备

项目名称	规格型号	单位	数量	备注
海洋工程技术综合实验中心动力设备	海洋工程水池造波机	套	1	
	海洋工程水池 X-Y 航车	套	1	
	海洋工程水池潮汐模拟装置	套	1	
	海洋工程水池整体造流装置	套	1	
	海洋工程水池风阵	套	1	
	直线波流实验水槽造波装置	套	1	
	直线波流实验水槽造流装置	套	1	
	直线波流实验水槽 X 航车	套	1	
	环形综合实验水槽造波装置	套	1	
	环形综合实验水槽造流装置	套	1	
	海洋测量水池潮汐模拟装置	套	1	
	海洋测量水池消声装置	套	1	
	海洋测量水池仪器测试装置	套	1	
	海洋工程水池、水槽视频监测系统	套	1	
	海洋无人船远程无线协调操控系统	套	1	
	海洋测量水池海底地形地貌模型	套	1	
	海洋测量水池水下定位装置	套	1	
	室内定位系统	套	1	
	测试仪器仪表	套	N	

4.2　海洋工程技术综合实验中心实验设施

4.2.1　海洋工程实验水池

海洋工程实验水池配备了二维造波机系统、消波器、整体造流装置、造风装置、船模实验架、潮汐装置、深井等，以满足海洋工程模型实验、港工模型实验、静水拖曳阻力等基本实验条件。

(1) 海洋工程实验水池设计实验项目：

① 海洋工程模型实验，包括导管架平台、港工实验、码头系泊、碰撞实验、泥沙承载及航道测量等实验。

② 静水拖曳阻力、船舶耐波性和操纵性等教学实验。

水池主尺度是决定该水池建成后的使用性能和使用寿命的关键因素，必须综合权衡比较，预测今后可能出现的实验项目、投资规模以及日常营运和维护费用。中国船舶重工集团公司第702研究所曾借用江苏科技大学的40 m×16 m×1.5 m(长×宽×深)的浅水池，完成港口工程局部模型的实验和单点系泊船模的风浪流实验。

本水池主尺度长×宽×深为50 m×20 m×1.5 m，其中水深1.0 m。本水池具备浪、流、风和局部深水的模拟能力，配备造波、造风、造流等能力分别说明如下。

(2) 功能设备技术指标：

① 造波机。

造波机采用推板式造波，通过交流伺服电机驱动电动缸(推板)造波。水池宽20 m，将布置4台相同单元的造波机，单台造波机最大功率约为15 kW。组成20 m宽的波浪。

波浪技术指标：波浪周期范围为0.5～3.0 s(可调)；最大波高为0.3 m(可调)。能产生规则波和不规则波。不规则波可模拟J谱、P-M谱和给定谱。P-M谱代表开阔海域的海浪谱，例如东海和南海的海浪谱；J谱代表封闭海域、浅海的海浪谱，例如渤海和黄海的海浪谱。有了这两个海浪谱，就能模拟沿海所有海域的海情。如果有实测谱，也可以在水中模拟。

② 消波器。

消波器造波机系统采用端消波器和背消波器，其中端消波器反射率小于7%。

端消波器采用多层格栅斜坡式消波器。

背消波器采用双层平板式消波器。

③ 潮位发生器。

潮位周期能在1.5～2.5 h可调。潮位高低通过计算机控制水泵流量实现，可在40～120 mm范围内变化。能模拟潮汐的半周期，即12.4 h，中间出现两个高潮位和一个低潮位。

大量程的潮位仪不适用于实验水池，浪高仪可用于潮位的测量。国内港工水池和海工水池均采用此方法。

④ 造风系统。

造风系统技术参数如下：

最低位置：距水面0.5 m；

整体旋转角度：±90°；

驱动回转装置功率：1.1 kW；

造风风阵宽度：5 m；

造风风阵高度：1 m；

风速：1～8 m/s(距出风口 5 m 处)。

造风系统由轴流风机、稳流室、蜂窝器等组成。通过回转机构和 X-Y 航车可实现全水域不同风向的造风。

现在国内常用的做法是将吹风装置悬挂在 X-Y 航车上，可以伴随主航车移动。另外，也可以在水池中安装支架，将吹风装置安置在支架上，该方案比较灵活方便。

⑤ X-Y 航车。

X-Y 航车轨道系统安装在海洋工程实验水池和测绘水池的两侧池壁顶部。池壁顶部上铺设轨道垫梁，轨道座和轨道铺设在垫梁上，两侧轨道的跨距约为 20.5 m。X-Y 航车的副车轨道系统安装在主车车架上，副车轨道与主车轨道相垂直。

X-Y 航车主车结构为箱梁和桁架混合结构。航车长 21 m，高 6.5 m。主车的自振频率高于 5 Hz。

X-Y 航车副车结构为箱梁和框架混合结构。副车的自振频率高于 7 Hz。副车作为实验测试的平台，可悬挂风阵。

主航车由精密轨道、主桁架、端梁、驱动装置、控制室、导向轮组、测速器、清扫器、滑橇、滑触线等组成。

副航车架设在主航车上，由精密轨道、副航车车架、主动轮、驱动装置、导向轮、测速器、清扫轮和实验工作舱等组成。

电控系统主要由主航车直流调速系统、副航车直流调速系统、一套运行控制台(含工控计算机)、供配电及照明系统等组成。

X-Y 航车主要技术参数如下。

(a) 主车。

主结构自振频率：>5 Hz；

最高车速：2 m/s；

调速范围：0.1～2 m/s；

速度精度：<1%；

轨间距：20.5 m；

稳速段距离：≥20 m；

主车行走驱动功率：4×15 kW。

(b) 副车。

副车底部距离水面高度：≥1 m；

最高车速：1.0 m/s；

调速范围：0.1～1.0 m/s；

副车行走驱动功率：2×3.7 kW；

速度精度：<1%。

(c) 轨道系统。

轨道系统全长焊接，主车轨道长度为 68 m，主车轨道和副车轨道直线度、平面度、平行度可调。

X-Y 航车为海洋工程水池和测绘水池共用。为充分利用，X-Y 航车可安装风阵、船模实验架和测绘实验仪器仪表等。

⑥ 整体造流装置。

海流也是海洋中的自然现象，海流实验一般需要稳定海流。根据我国沿海海流设备流速，本实验最高流速取 0.2 m/s，流速可调，基本可以满足浅海实验需求。

流场宽 20 m，深 1.0 m，最高流速为 0.2 m/s。造流用轴流水泵推进，最大流量为 4 m^3/s。

整体造流装置由 4 套造流系统组成，每套由一台 30～37 kW 的低扬程大流量水泵、管路(ϕ700 mm×40 m×8 mm)、两台阀门、导流格栅、进口静压室(土建制作)、回流平衡室(土建制作)等组成。

整体造流装置总功率约为 120～160 kW，采用变频调速来控制流场流速。

⑦ 深井。

在水池中央挖一个深井，这是海洋工程水池不可或缺的措施。

海洋工程浅水池对于平面模型实验有很大优势，但对于立式模型，如导管架平台、重力式平台以及张力腿平台等众多的浅海实验模型，浅水池的实验条件有其局限性。例如，1 个水深 100 m 的导管架平台要在浅水池中实验，模型缩尺比就必须达到 1/100 以上，这个缩尺比给模型制作、风浪流模拟以及测试仪表带来很大困难。另外，《海洋工程规范手册》要求模型缩尺比大于 1/100。如果在水池中央设置一个 1 m 深的井，这样水深模拟就达到 2 m 深，模型缩尺比就是 1/50，这个缩尺比就符合常规实验各项要求。

本水池中央宜挖一个长 2 m、宽 2 m、深 2 m 的方形井，平时用盖板盖上，与水池底平，当要进行立式模型实验时，就可利用此井。

⑧ 测量系统。

本方案中，对海洋工程水池配备了基本的测试仪器仪表，主要包括流速仪、浪高仪、风速仪等(含二次仪表)。专用仪器仪表根据实验情况确定。

⑨ 海洋工程水池总控系统。

海洋工程水池总控系统安装在实验办公区一层的总控室内。海洋工程水池实验采用集中控制，总控系统可对造波机系统、整体造流系统、潮汐发生装置、测量系统的数据采集和分析等进行集中控制和处理。

X-Y 航车的运行控制由安装在 X-Y 航车上的控制台操作，同时 X-Y 航车上的控制台能对造风系统进行控制，并且能对船模实验进行数据采集和分析。

4.2.2 海洋测绘实验水池

本水池长 20 m，宽 20 m，深 5.0 m，其中水深 4.5 m。

在池底铺砌预制的海底地形地貌的典型模块。将模块分别吊装到池底，拼接成一个多样性的典型的海底地形地貌模型，放满水后，可使用各种仪表进行测量。

关于消声处理，在声学测量系统中，要求水池能在测量频段内达到近似自由场的声学环境，在水池四壁上安装吸声尖劈，可以对水池进行被动消声处理。对能满足水池消声处理要求的低频级吸声尖劈，明确了材料、结构设计、分布形式等设计要求。

吸声尖劈吸声频率：80～500 kHz；

吸声尖劈结构：阻抗过渡型结构；

吸声尖劈材料：无硫橡胶；

吸声尖劈规格：250 mm×250 mm×50 mm。

海洋测绘实验水池水深测量平台采用与海洋工程共用的高精度 X-Y 航车系统。

4.2.3 直线波流综合实验水槽

（1）设计实验项目：

① 海洋动力实验，包括与波、流有关的基础实验及波流联合作用机理实验。

② 二维海岸工程实验，包括波浪爬高、越堤水量等模型实验。

③ 泥沙实验。

④ 海底工程实验。

（2）功能设备技术指标。

① 槽体结构型式：两端为钢筋混凝土结构，中间为钢框架，镶嵌钢化平板玻璃结构。最大工作水深 1.0 m，可造波、造流。

② 造流形式：水平循环双向造流，最大流速为 0.3 m/s，最大流量为 0.45 m^3/s。造流用双向低扬程轴流泵，其功率为 30 kW，流速可调，流向与造波方向一致。水泵相应配套交流电机、变频调速电源和控制系统、阀门管线。为使流场均匀，水槽出水口装导流器。水槽造波端还装有由不锈钢板制作而成的导流片，导流片组安装在水槽工作段两端，起到梳理流场的作用。

③ 造波机形式:推板式造波机,可产生规则波和不规则波。规则波最大波高 0.3 m。波浪技术指标包括:波浪周期范围 0.5～3.0 s (可调),最大波高 0.3 m(可调),能产生规则波和不规则波。不规则波可模拟 J 谱、P-M 谱和给定谱。造波板宽为 1.5 m,造波机功率为 7.5 kW。

④ 工作平台:水槽配有长 3 m、宽 1.2 m 的测试工作台。

⑤ 控制系统:全部采用计算机在水槽控制室集中控制。控制系统由 1 台 PC 工控机为主,造波机系统具有造 J 谱、P-M 谱及给定谱的随机波的能力。造流和造波控制系统具有操作简单和设备故障诊断报警功能。

4.2.4　环形综合实验水槽

环形综合实验水槽主要用于细颗粒泥沙基本特性的研究,将直槽的长度转换为时间的尺度,解决直槽中水泵破坏絮团、水槽水体受到干扰等问题,研究泥沙的起动、冲刷和沉降等动水沉降机理,与环境专业相结合,开展底泥元素吸收和释放的研究。流速自动控制,最大流速为 2 m/s;水槽配备先进的专业量测设备,最大可调节水深 0.4 m。

4.2.4.1　工作原理

(1) 水流运动原理

将含有一定泥沙的水或有盐度的泥沙水放入水槽,水面上压有作为压板的上盘,它们在各自的动力驱动下同时反向运动,于是在水槽和上盘的剪切力作用下产生水流运动。

(2) 均匀紊流形成原理

环形水槽能产生进行泥沙水力特性实验所要求的均匀紊流水流:

① 当环形槽转动时,由相对运动原理,水槽内形成与水槽运转方向相反的水流。同时受离心力的作用,产生向外的横向次流。

② 当上盘压板嵌入水槽并和槽内水面接触运转时,受环圈剪切的作用,水槽内形成与压板运转方向相同的水流。与此同时,由于受环圈剪力作用大小的差异(外侧大内侧小),产生向内的横向次流。

③ 若使上盘和环槽以一定比例的旋转速度同时转动,且其转动方向相反,则水槽内的横向次流大部分相互抵消,限制在很小的程度上,而合成较均匀的紊流水流。

4.2.4.2　设备组成

设备主要由环形水槽、上盘、转轴及上支架、两套驱动减速电机、上盘手摇升降机构、电动机调频控制系统及工作围台组成。

4.3 海洋工程技术综合实验中心主要仪器设备

海洋工程技术综合实验中心仪器设备清单见表 4-2。

表 4-2 海洋工程技术综合实验中心仪器设备清单

编号	名称	品牌/型号	数量	金额/万元	用途
1	信号调节放大器	GPS+BDS	1	0.18	卫星信号转发
2	水池功能指示牌	304	4	1.4	功能指示
3	无人艇操控台	MFC2-21H3.1	1	23.2	无人艇操控
4	数字显示大屏	HX-d55	1	25.68	无人艇操控显示
5	海洋探测装备测试实验平台	自制	1	69.8	实验设备安装
6	微型电子计算机	Dell OptiPlex	6	2.1	数据处理
7	三维运动姿态传感器	DMS-05	1	28.2	姿态测量
8	浅地层剖面仪	Light Plus	1	72.39	水下地层探测
9	仪器支架		1	0.38	仪器安装
10	多波束探测系统	GeoSwath Plus Compact	1	139	水下地形测量
11	海洋环境信息采集平台	非标	1	17.49	海洋信息采集
12	海洋环境无人船	方舟号	1	4.9	海洋测量
13	侧扫声呐	450H	1	3.85	海底观测
14	侧扫声呐	453OEM	1	4.3	海底观测
15	图形工作站	Thinkpad P50S	1	0.9	数据中心
16	波浪滑翔器	SV2	1	241.9	海洋信息采集
17	联想电脑一体机	AIO510	1	0.45	数据处理
18	风速风向传感器	86000	1	1.4	风速风向测量
19	气压传感器	PTB210	1	2.1	气压测量
20	GNSS 传感器	SPS356	1	2.7	卫星信号接收
21	数据采集器	CR1000	1	1.8	卫星地面通信
22	便携式电导率测定仪	Starter 300C	1	2	电导率测量
23	电子精密天平	FA2204N	2	0.33	质量测量
24	电动绞车	HNT150D	1	3.2	海洋调查
25	海洋动力信息浮标系统	TRIAXYS Mini	1	27.8	海洋信息采集
26	小型重力式柱状采泥器	KH0205	1	0.59	海洋调查

表 4-2(续)

编号	名称	品牌/型号	数量	金额/万元	用途
27	中型重力式柱状采泥器	KH2005-200 kg	1	0.89	海洋调查
28	卡盖式采水器	QCC15-5 卡盖式	1	0.31	海洋调查
29	水位波浪雷达	WR/REX-001	1	24.1	海洋调查
30	声呐探头	四频	1	0.2	声波发射
31	声学多普勒三维点式流速仪	6 MHz Vector 威龙	1	13.8	流速测量
32	气象监测系统	Orion Nomad 型	1	8.4	气象观测
33	海图仪	XA170	1	3.8	海图测量
34	水下高光谱水色剖面仪	HyperPro Ⅱ	1	67	海水测量
35	游艇拖车	SOD330	1	0.4	拖车
36	四路 Alpha 谱仪	Alpha-Ensemble-4	1	30.5	室温测量
37	海洋磁力仪	SeaSPY2	1	24.8	磁力测量
38	石油地质勘探开发综合仿真装置		1	3.2	自控系统仿真
39	海洋中的发电厂仿真装置		1	1.5	自控系统仿真
40	海洋风力发电仿真装置		1	1.2	自控系统仿真
41	海上钻井平台		6	4.9	自控系统仿真
42	现代化结构钻井设备仿真装置		1	2.9	自控系统仿真
43	浊度仪	0-4000NTU	1	6.3	浊度测量
44	激光粒度仪	C 型	1	25.2	粒度测量
45	声速计	miniSVP	1	5.4	声速测量
46	碳酸盐含量测定仪	GMY-2	1	1.6	海洋调查
47	油水相对渗透率测定仪	XSY-2	1	4	海洋环境测量
48	饱和度测定仪	L-2	1	1.5	海洋环境测量
49	孔隙度测定仪	QKY-2	1	0.98	海洋环境测量
50	水下机器人 ROV	Stealth 2	1	64.5	水下测量
51	多参数水质分析仪	HydroCAT-EP	1	20.3	水质分析
52	气象传感器	哈希 WS600-UMB	1	4	气象数据采集
53	海洋综合观测浮标	腾海 THFB1.5	1	21	海洋观测
54	水下机器人 ROV	白鲨 MINI	5	9.95	水下测量
55	浊度仪	ECO NTU	1	7.1	浊度测量
56	叶绿素记录仪	ECO FL	1	8.5	叶绿素测量

表 4-2(续)

编号	名称	品牌/型号	数量	金额/万元	用途
57	温盐深仪	miniCTD	1	4.8	温盐深测量
58	声学多普勒流速剖面仪	FlowQuest 1000	1	14.3	流速测量
59	测高仪	VA500	1	2.9	浪高测量
60	水声监测仪	HTI-92-WB	3	7.2	水声速度测量
61	溶解氧记录仪	SBE43	1	7.1	溶解氧测量
62	南方 GNSS 接收机	S82mini	16	22.3	卫星信号接收机
63	手持式 GIS 数据采集器	Lt-500H	7	11.6	GIS 数据采集
64	Pentax 双频 GPS 接收机	PENTAX	9	37.9	卫星接收机
65	通信电台	PDL	1	1.3	通信
66	华测双频 GPS 接收机	X900	9	20.7	卫星信号接收机
67	海洋工程水池造波机		1	142	水池造波
68	海洋工程水池 X-Y 航车		1	389	拖曳航车
69	海洋工程水池潮汐模拟装置		1	10.5	潮汐模拟
70	海洋工程水池整体造流装置		1	99.5	水池造流
71	海洋工程水池风阵		1	19	水池造风
72	直线波流综合实验水槽		1	154	水槽造波
73	环形综合实验水槽		1	18.5	环流模拟

利用海洋探测测试平台(图 4-1),可测量并提供各种海洋环境要素,如温度、电导率、盐度、压力和深度等基本物理海洋学要素的原始数据,不仅可用于海洋科学研究,还可以为海洋资源开发提供不可或缺的重要数据。

学生通过学习海洋测量和其他相关课程,积极参加各类学科竞赛。图 4-2 是学生自制的新一代水下机器人,并在相关学科竞赛中取得了优异的成绩。

在水下机器人室,展示了各类水下机器人(图 4-3)。

Stealth 2 型 ROV 是一款 300 m 水深观察级 ROV(图 4-4)。该 ROV 由 Shark Marine 公司研制,经过 20 年不断改进和优化,可以根据用户的不同需求进行配置。产品系统稳定、结构紧凑小巧、功能强大、性能优越。开放式架构可根据工程需要进行相应配置,多种可选设备可适应不同的需求和环境。产品结构小巧,机器人主体空气中质量仅为 38 kg,在稳固平台上利用辅助收放系统仅需一个人就可以完成设备的下放和回收。

图 4-1　海洋探测装备测试实验平台

图 4-2　学生自制水下机器人及获奖证书

图 4-3　水下机器人室

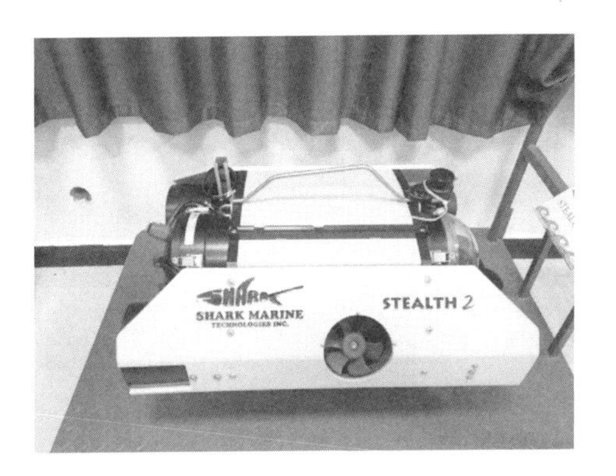

图 4-4　Stealth 2 型 ROV 水下机器人

GeoSwath Plus Compact 多波束探测系统(图 4-5)可以有 3 种不同频率选择,分别对应不同水深。测深数据和旁扫声呐数据可同步采集、显示、处理,能够在采集数据的同时并行进行大量数据处理任务,数据处理速度比常规系统快6~8 倍。

图 4-5 GeoSwath Plus Compact 多波束探测系统

miniCTD 温盐深仪(图 4-6)配有 Valeport 独特的高稳定性数字电导电率传感器、PRT 温度传感器和应变式压力传感器。除了列出的测量参数之外,也可通过软件计算盐度和密度值。在 1 Hz、2 Hz、4 Hz 或 8 Hz 时所有传感器定期输出。仪器材质为缩醛或钛合金壳体、聚氨酯和陶瓷传感器组件。

图 4-6 miniCTD 温盐深仪

叶绿素记录仪(图 4-7)通过测量叶片在两种波长范围内的透光系数,来确定叶片当前叶绿素的相对数量,也就是在叶绿素选择吸收特定波长光的两个波长区域,根据叶片透射光的量来计算测量值。

图 4-7　叶绿素记录仪

水位波浪雷达(图 4-8)是一种非接触式稳定测量系统,可以在近海环境中测量波浪、水位和气隙。

图 4-8　水位波浪雷达

4.4 海洋工程技术综合实验中心主要实验

海洋工程技术综合实验中心能够开出的主要实验如表 4-3 所示。

表 4-3 海洋工程技术综合实验中心开出的主要实验

<table>
<tr><th>序号</th><th>实验课程</th><th>项目名称</th><th>实验类型</th><th>学时</th><th>总学时</th></tr>
<tr><td>1</td><td>海上风力发电工程</td><td>基于 WASP 的风机选址入门实验</td><td>验证性</td><td>8</td><td>8</td></tr>
<tr><td rowspan="3">2</td><td rowspan="3">海洋测量</td><td>GPS 信标机的使用和定位测量</td><td>演示</td><td>2</td><td rowspan="3">8</td></tr>
<tr><td>测深仪的认识与使用</td><td>演示</td><td>4</td></tr>
<tr><td>水深测量软件的认识与使用</td><td>综合</td><td>2</td></tr>
<tr><td rowspan="6">3</td><td rowspan="6">海洋测量实习 A</td><td>高程测量</td><td></td><td>3 d</td><td rowspan="6">3 周</td></tr>
<tr><td>坐标测量</td><td></td><td>3 d</td></tr>
<tr><td>海洋测量野外踏勘</td><td></td><td>1 d</td></tr>
<tr><td>水深测量</td><td></td><td>4 d</td></tr>
<tr><td>测量数据的内业处理及绘图</td><td></td><td>2 d</td></tr>
<tr><td>整理报告及总结</td><td></td><td>2 d</td></tr>
<tr><td rowspan="6">4</td><td rowspan="6">海洋测量实习 B</td><td>高程测量</td><td></td><td>2 d</td><td rowspan="6">2 周</td></tr>
<tr><td>坐标测量</td><td></td><td>2 d</td></tr>
<tr><td>海洋测量野外踏勘</td><td></td><td>1 d</td></tr>
<tr><td>水深测量</td><td></td><td>2 d</td></tr>
<tr><td>测量数据的内业处理及绘图</td><td></td><td>2 d</td></tr>
<tr><td>整理报告及总结</td><td></td><td>1 d</td></tr>
<tr><td rowspan="4">5</td><td rowspan="4">海洋测量学</td><td>海洋控制测量</td><td>验证</td><td>5</td><td rowspan="4">16</td></tr>
<tr><td>GPS 信标机的使用和定位测量</td><td>演示</td><td>5</td></tr>
<tr><td>测深仪的认识与使用</td><td>演示</td><td>5</td></tr>
<tr><td>水深测量软件的认识与使用</td><td>综合</td><td>1</td></tr>
<tr><td rowspan="2">6</td><td rowspan="2">海洋地球化学</td><td>重铬酸钾化学需氧量的测定</td><td>验证性</td><td>4</td><td rowspan="2">8</td></tr>
<tr><td>沉积物中重金属的相态分析及各含量的分布</td><td>综合性</td><td>4</td></tr>
<tr><td rowspan="3">7</td><td rowspan="3">海洋地质学</td><td>矿物的认识</td><td>验证性</td><td>2</td><td rowspan="3">10</td></tr>
<tr><td>三大岩的认识</td><td>综合性</td><td>6</td></tr>
<tr><td>古生物化石的认识</td><td>验证性</td><td>2</td></tr>
</table>

表4-3(续)

序号	实验课程	项目名称	实验类型	学时	总学时
8	海洋地球物理勘探	多波束测深	综合性	4	8
		浅地层剖面仪的使用	综合性	4	
9	海洋地球物理勘探实习	多波速水深调查的应用领域			3周
		多波速水深调查基本原理			
		多波速水深调查数据采集方法			
		多波速水深调查数据处理和解译方法			
		浅地层剖面仪的应用领域			
		浅地层剖面仪基本原理			
		浅地层剖面仪数据采集方法			
		浅地层剖面仪数据处理和解译方法			
10	海洋工程测量	高程测设	验证性	2	4
		坐标测设	综合性	2	
11	海洋工程概论	海流观测仪器的认识与使用	演示性	2	4
		海洋温盐深测量仪器的认识与使用	设计性	2	
12	海洋工程数值模拟实习	熟悉模拟软件		3 d	3周
		地形文件		3 d	
		潮汐边界文件生成		2 d	
		泥沙边界文件生成		2 d	
		调试模式		3 d	
		撰写实习报告		2 d	
13	海洋能开发技术实习	参观海洋波浪发电设备		5 d	3周
		参观太阳能开发企业		5 d	
		整理报告及总结		5 d	
14	海洋数值模拟	海洋内波的模拟		4	8
		2D浅水湖泊海表长波模拟		2	
		3D地转调节模拟		2	
15	海洋调查与观测技术	海流观测仪器的认识与使用	演示性	2	8
		海洋温度、盐度、深度测量设计	设计性	3	
		海洋化学调查设计	综合性	3	

表 4-3(续)

序号	实验课程	项目名称	实验类型	学时	总学时
16	海洋调查与观测技术实习	1. 实习方案设计： (1) 站位布点设计； (2) 走航路线设计； (3) 监测项目设计； (4) 仪器设备使用设计			4 周
		2. 动态监测： (1) 站位测量； (2) 水样、沉积物样品采集； (3) 海水溶解氧、氧化还原电位、pH 值测量； (4) 海水温度、盐度、深度测量； (5) 海流、风速测量			
17	海洋物理学	声学基础实验	验证性	8	8
18	海域使用动态监测	分批分组到连云港市海洋与渔业局参观海域立体监管体系	综合性	4	4
19	物理海洋学	海图、潮汐图的识读	验证性	3	10
		潮汐资料处理	验证性	4	
		海洋水文观测	设计性	3	
20	船舶动力装置与电气设备	轴系式电力推进系统实验	验证性	2	8
		吊舱式电力推进系统实验	验证性	2	
		轴系实验	综合性	2	
		电动机启动停止实验	验证性	2	
21	船舶流体力学	动量定律实验	验证性	2	8
		伯努利方程实验	验证性	2	
		文丘里实验	验证性	2	
		沿程水头损失实验	综合性	2	
22	船舶设计制造仿真	ADAMS 软件几何建模实验(一)	验证性	3	32
		ADAMS 软件几何建模实验(二)	验证性	3	
		约束机构实验(一)	验证性	3	
		约束机构实验(二)	验证性	3	
		施加载荷实验(一)	验证性	3	
		施加载荷实验(二)	验证性	3	
		仿真与调试实验	验证性	3	
		结果后处理实验	验证性	3	
		齿轮传动仿真实验	验证性	3	
		焊接机器人综合实验	综合性	5	

表 4-3(续)

序号	实验课程	项目名称	实验类型	学时	总学时
23	船舶与海洋工程导论	参观船舶外观模型实验室	演示性	2	4
		船舶仿真结构模型实验	演示性	2	
24	船舶与海洋工程专业生产实习	熟悉船厂类型、生产组织等概况		6	48
		熟悉船舶与海洋工程有关厂布置及工艺流程		10	
		参观典型船舶产品的制造工艺流程		8	
		熟悉船舶及海洋工程结构安装及施工工艺		12	
		熟悉船舶建造方针、吊装网络		6	
		书写专业生产实习报告书		6	
25	船舶与海洋专业认识实习	实习动员，制订实习计划		1 d	3 周
		实习(参观船舶模型馆、船舶推进系统实验室，观看录像，参观船舶制造企业)		11 d	
		撰写实习报告		2 d	
		验收、实习交流与成绩评定		1 d	
26	港航工程综合实验	波浪要素测量实验	综合性	6	24
		防波堤断面实验	综合性	6	
		丁坝水流条件实验	综合性	6	
		弯道水流实验	综合性	6	

4.5 海洋测量实验过程

4.5.1 测深仪的认识与水深测量

4.5.1.1 仪器连接及设置

连接测深仪和换能器，将 GPS 接收机、信标机连接到测深仪。换能器安装示意图见图 4-9，测深仪背部连接端口见图 4-10。

将换能器置入水中，入水深度控制在 0.5 m 左右，连接安装完毕后，连接上电源(直流或交流都可)，打开主机背面的开关，系统开始启动，启动完毕后自动进入测深软件界面，图 4-11 为单频测深时的界面，图 4-12 为双频测深时的界面。

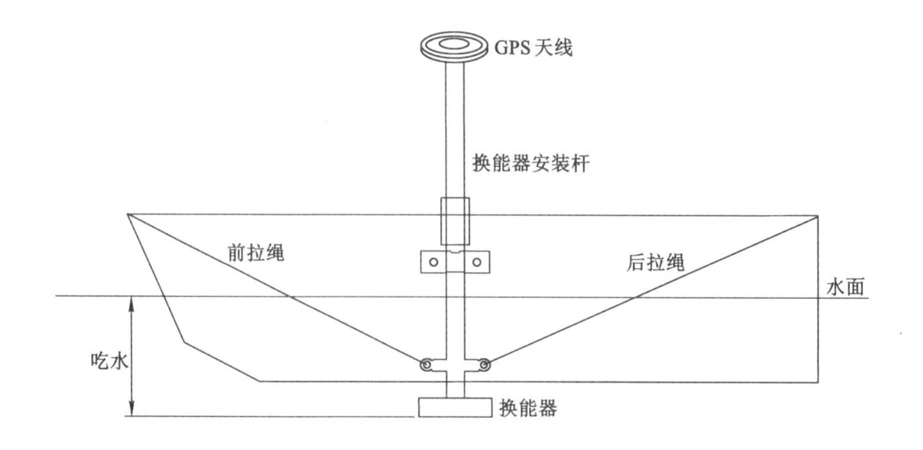

图 4-9 换能器安装示意图

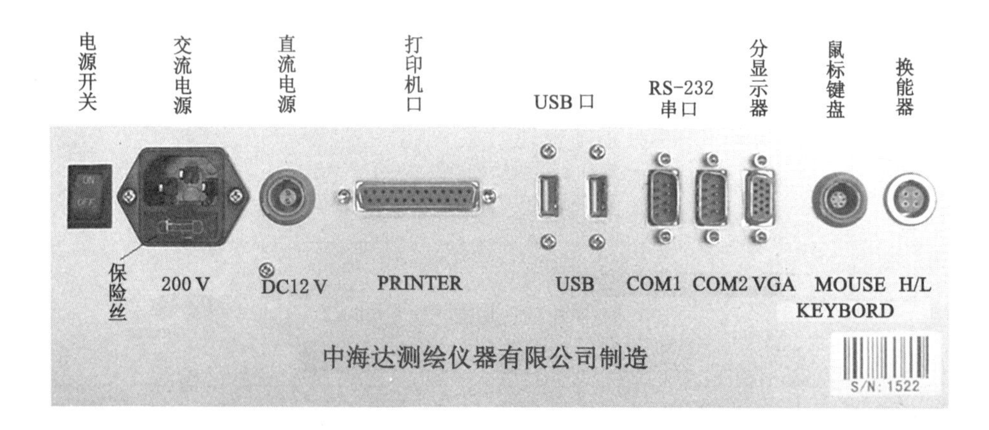

图 4-10 测深仪背部连接端口

4.5.1.2 参数及环境设置

按【设置】按钮出现【修改参数】设置对话框，见图 4-13。

(1) 吃水：0～9.9 m。

(2) 声速：1 300～1 700 m/s。对于浅水测量时可以简便使用单一声速来校准，根据比对的水深或温度、盐度计算声速，严密的测量方法要根据《海道测量规范》(GB 12327—1998)的要求进行，如图 4-14 所示。

(3) 发射脉宽用于控制发射脉冲的宽度，发射脉宽为“自动”时将根据不同挡位使用不同的发射脉宽。

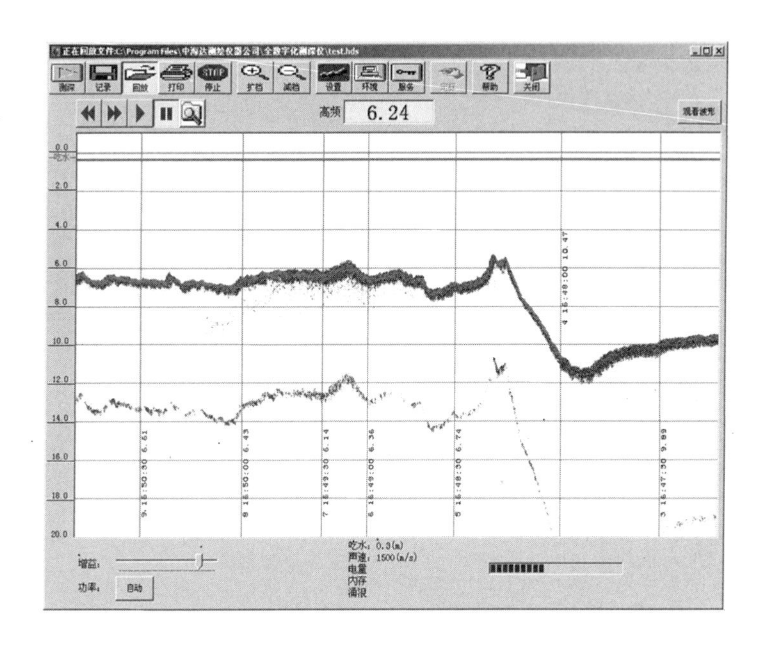

图 4-11　单频测深界面

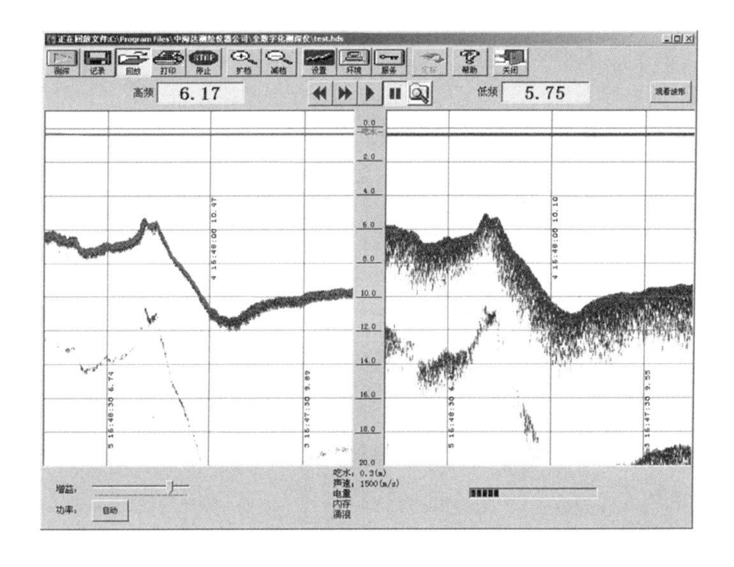

图 4-12　双频测深界面

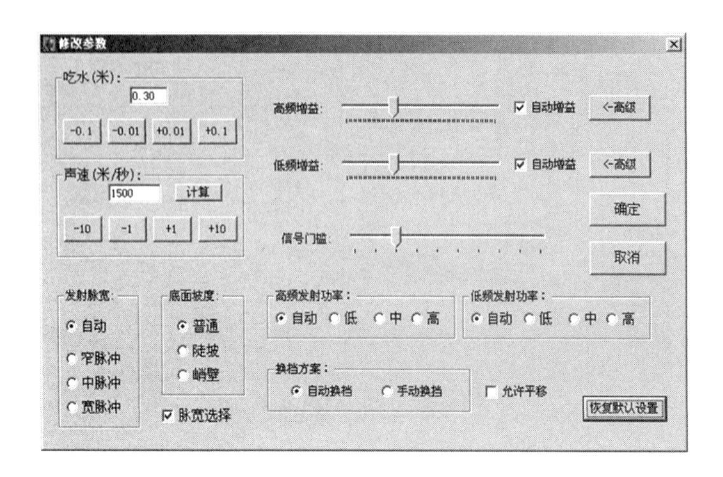

图 4-13　参数设置

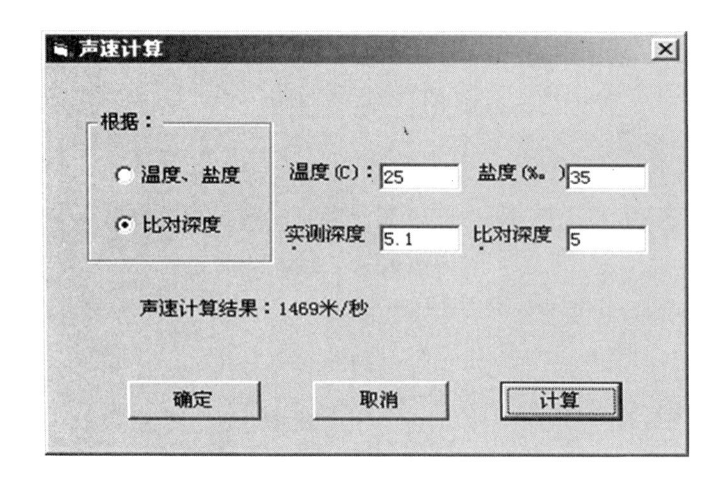

图 4-14　声速计算

(4) 底面坡度：选择用来控制时间门宽度。底面坡度为“普通”时的时间门宽度为深度的 5%；底面坡度为“陡坡”时的时间门宽度为深度的 10%；底面坡度为“峭壁”时的时间门宽度为深度的 15%。

(5) 发射功率：有自动、高、中、低 4 挡。自动挡时：当水深为 0～10 m 时，使用低功率；当水深为 10～20 m 时，使用中功率；当水深大于 20 m 时，使用高功率。

(6) 信号门槛:抑制小幅度干扰信号的门槛值,分为10挡,最大时为信号满幅度的60%,浅水可设大一些,深水要设小一些。

(7) 增益控制:当关闭"自动增益"时,可调节滑动棒来调节增益,也可在主界面中调节。当打开"自动增益"时,系统根据自动增益方案,自动控制增益。自动增益方案在【高级】按钮设置,如图4-15所示。

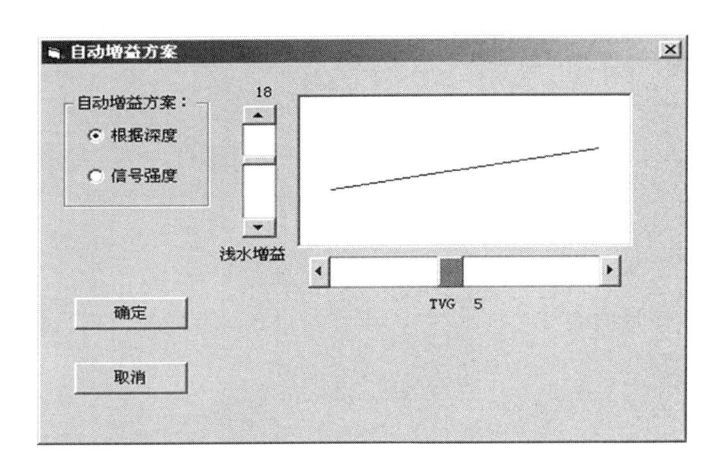

图4-15 增益控制

当使用"根据深度"来调整增益方案时,右边的"浅水增益"和"TVG"将被采用。调整好浅水增益值有利于2 m以内的浅水回波跟踪,不同的底质可能要采用不同的值:在浅水时如果回波很淡,可以增大这个值;反之,如果回波一片糊,就要减小这个值。TVG的值是随着深度的增大而逐渐增大的,它主要决定5～20 m深度的增益状况,比如在10 m水深时,如果回波淡,就加大TVG值。

对于这些参数的设置,可以按【恢复默认值】按钮,将所有参数都恢复到默认值,吃水还是要根据探头的入水深度设置。

按【环境】按钮,出现如图4-16所示对话框。

(1) 深度输出端口。中海达测深仪可以仿真世界上各类测深的数据格式,根据定位系统的需要,可选择水深输出的波特率和数据格式,各种数据格式的说明请参见后面的章节,一般单频可选用HaiDa-H格式,双频可选用HaiDa-HL格式。输出数据的端口可选用COM1或COM2。

(2) 工作方式。根据测深仪型号选择对应的工作方式,HD-27单频测深仪只能在高频方式下工作,HD-28双频测深仪可以在双频方式也可以在低频方式

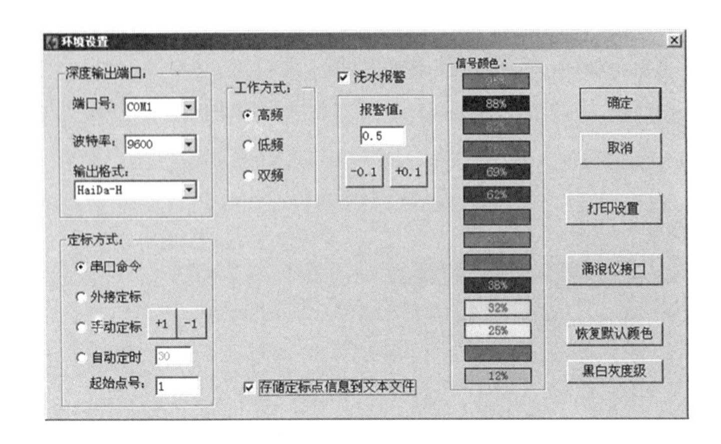

图 4-16 环境设置

下工作,在双频或低频方式下工作时,如果需要穿透淤泥和浮泥,还要选择合适的低频捕捉方案。

(3) 定标方式。有 4 种定标方式可供选择。

(4) 浅水报警。激活浅水报警时,可以输入水深限值,当水深小于这个限值时,水深窗会显示“警告”。

(5) 存储定标点信息到文本文件。一旦打开这个选项,记录测深时,测深仪会自动把定标点的信息存储到与 HDS 文件文件名相同而扩展名为 TXT 的文件中,格式为:

点号 ,时间 ,水深 H,水深 L, 吃水 ,声速

(6) 打印设置。该选项用于设置连续打印时的相关参数,见图 4-17。

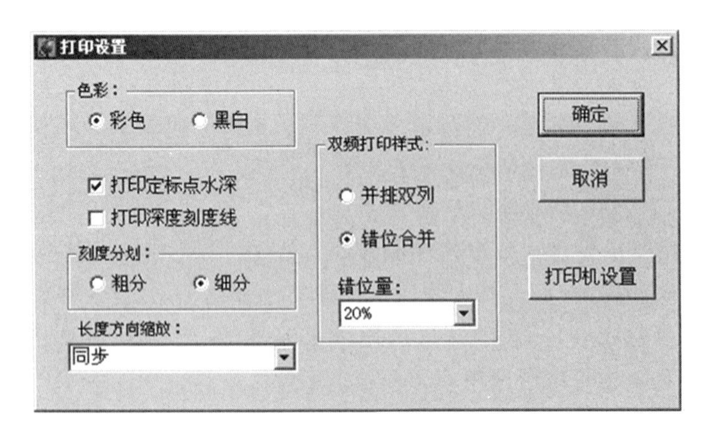

图 4-17 打印设置

其中，色彩可设置为彩色或黑白，定标点水深或深度刻度线可选择打印，刻度的粗分、细分选择可控制打印刻度标尺的细分程度，长度方向的缩放可以控制打印的比例。

(7) 如果配有涌浪补偿仪的话，可以接到 COM1 或 COM2(避开水深输出口)，如图 4-18 所示，定义好端口和波特率以及涌浪仪的输出数据格式，例如输出格式为：

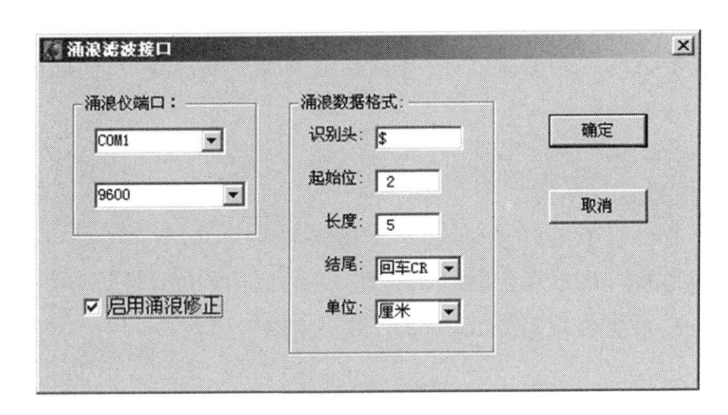

图 4-18　涌浪仪接口

$ −0.23<CR>

其中，$ 为识别头，涌浪修正值“−0.23”的起始为“−”，在整个字符串的第二位(起始位 2)，“−0.23”共有 5 个字符(即长度为 5)，结尾为<CR>，单位为“m”。

当打开“启用涌浪修正”时，显示和串口输出的水深自动进行了改正，并且修正值被记录在原始文件中。

4.5.1.3　开始测深(或记录)

按【测深】时，系统开始发射和接收，并显示回声图像，水深输出口也有相应格式的水深输出。只测深时不进行图像记录。进行图像记录每小时要用 6 MB 左右的内存，如果不需要图像记录，可节省内存空间。如果是正式的成果测量，那么就用【记录】按钮。进入【记录】时会出现一个文件对话框，要求输入一个记录文件名，系统会自动根据日期生成一个不重复的文件名，只需要点击确定即可。如果自己输入文件名，则可打开中文输入，并启动软键盘，也可以接上外接键盘输入。如果输入的文件名已存在，会提示是否“覆盖”，如选择“是”，以前的原始文件就被覆盖了。建议每个文件记录时间不要太长，一个小时左右就够，太大的文件无论是拷贝还是打印都将会出现“磁盘满”或“缺纸”

等问题。

注意:需经常留意存储空间是否足够,最好每天工作完以后,用 USB 存储盘把记录文件(*.hds)转移到别的电脑或刻录光盘永久保留,文件转移后把测深仪内的文件(*.hds)删除,腾出足够的空间。

在测深时,如果有多次回波或有干扰波,系统能自动识别正确的回波,万一跟踪到别的干扰波上去了,在瀑布窗口或波形窗口的正确回波上面的空白处点击一下就恢复了。

注意:需要人为强制跟踪时,在正确回波图像上面的空白处点击一下即可。

4.5.1.4 回放、查找和打印

存储的测深文件(*.hds)可以随时回放(也叫调看),所看到的回放内容和当时的测深数据是一样的。

回放时,软件会弹出对话框,选择需要回放的文件,软件会按正常回放速度放映。如果要加快,可以点击【快放】按钮,还可以用【快倒】【暂停】,也可以按打标的点号查询,直接跳到要播放的位置(图 4-19)。

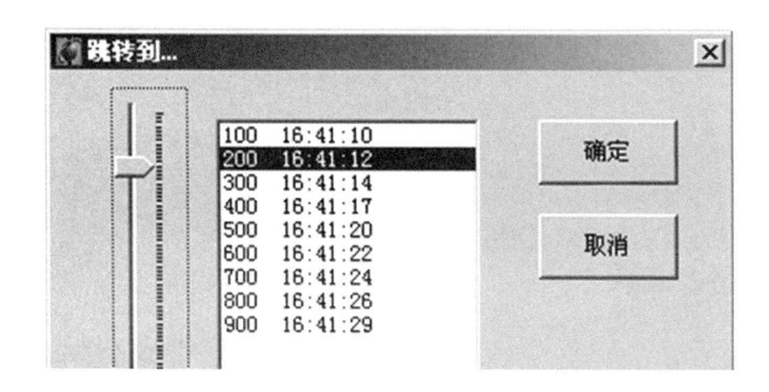

图 4-19 跳转点号显示水深

如果要记录纸的话,建议配上连续纸打印机,按【打印】按钮可以打印出像记录纸一样的硬拷贝资料。在回放时,如果要人工量取水深的话,先按【暂停】,再把鼠标箭头指向要量取的地方,水深显示窗会根据鼠标的位置显示对应的水深值。

在测深记录时,系统会自动生成一个扩展名为 LST 的文件,用于存放搜索查寻用的资料,有了这个文件查询会很快,所以拷贝文件时要把这个文件一起拷贝。如果没有这个文件,在回放时如果点击查询,软件会自动生成这个文件,不过根据文件的大小需要等待一定的时间。

4.5.1.5 水深输出格式

(1) HaiDa-H(高频输出)和 HaiDa-L(低频输出)格式:

DTE#####<CR><LF>

其中,DT 为识别头;第3位,当水深错误时为 E,正确时为空格;第4~8位为水深值,单位为 cm;<CR>为回车;<LF>为换行。

(2) HaiDa-HL(双频输出)格式:

DTE#####<CR><LF>

其中,DT 为识别头;第3位,当高频水深错误时为 E,正确时为空格;第4~8位为高频水深值,单位为 cm。

(3) ESO 25 格式。

高频通道:

DA#####.##<space>m<CR><LF>

低频通道:

DB#####.##<space>m<CR><LF>

其中,D 为识别头;A 表示高频通道;B 表示低频通道;#####.##为水深,单位为 cm;<space>代表一位空格;m 代表单位为 m。

(4) INNERSPACE 格式:

<STX>#####<CR>

其中,<STX>为识别头;2~6位为水深,单位为 cm。

(5) ODOM DSF et 格式:

高频通道:

et#####H<CR><LF>

低频通道:

et#####L<CR><LF>

其中,et 为识别头;H 表示高频通道;L 表示低频通道;#####为水深,单位为 cm。

4.5.1.6 定标控制

操作:在【环境设置】的界面左下方可以设置定标方式。

(1) 接受串口命令。

由海洋测量软件控制定标,定标命令根据选择的水深输出格式的不同而不同,HaiDa_H、HaiDa_L、HaiDa_HL 的命令为:

$MARK,*<CR>

其中,*号代表要插入的打印字符串。其他定标命令和对应的格式相一致,请查询相关资料。

(2) 外接定标。把仪器配备的定标电缆插到水深输出串口上,每按一下电缆另一头的按钮,会定标一下,点号自动累加。

(3) 手动定标。按一下屏幕的【定标】按钮,会定标一下,点号自动累加。

(4) 自动定时。根据设定的时间间隔(s),自动定时定标,点号自动累加。

注意:不管使用何种定标方式,必须在【环境】中设置对应的定标方式才会起作用。

4.5.2 水深测量软件的使用

使用水深测量软件绘制水深图的作业流程如表 4-4 所示。

表 4-4 使用水深测量软件绘制水深图的作业流程

序号	操作	运行的软件
1	建立图幅参数表	图幅表
2	进入后处理、选择图幅	后处理
3	建立测深改正和动态吃水改正	后处理
4	输入水位数据	后处理
5	建立验潮站要素(单站改正可不处理)	后处理
6	编排水位改正方案(单站改正可不处理)	后处理
7	采集水深取样	后处理
8	批量水位改正	后处理
9	检查改正记录文件,有错回到步骤 8	后处理
10	进入绘图、选择图幅	绘图
11	录入水深	绘图
12	多余水深删除	绘图
13	水深化整(视要求可不处理)	绘图
14	生成等深线	绘图
15	调入等深线	绘图
16	编辑等深线	绘图
17	添加地形地物、岸线、底质点	绘图
18	数字化补充(可选)	绘图
19	存储图文件	绘图

表 4-4(续)

序号	操作	运行的软件
20	图外清除	绘图
21	加图框、图外注记	绘图
22	存储图文件	绘图
23	绘图机设置	绘图
24	出图	绘图

4.5.2.1　测深计划线的布设

安装 Haida 海洋测量软件，插入加密狗并运行，如图 4-20 所示。

图 4-20　插入加密狗的运行界面

(1) 新建任务：

① 选择坐标系(一般选 WGS84 坐标系)。

② 选择投影(投影带、中央子午线、尺度等)。

③ 一级变换、二级变换参数设置。

④ 定义图名和图廓范围。

⑤ 设置坐标系转换参数。

(2) 选择作业方式——作图。

作图运行界面见图 4-21。

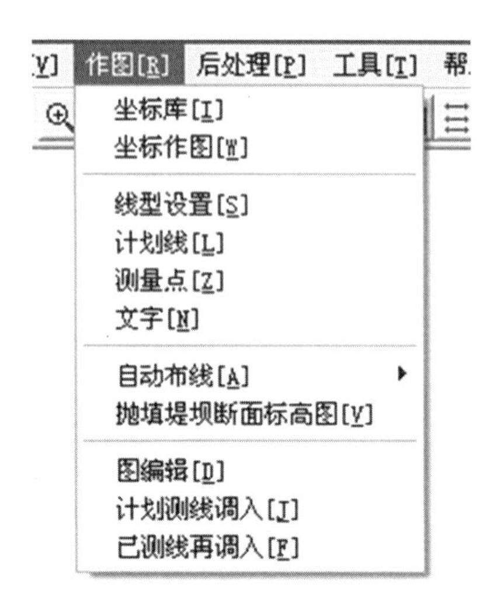

图 4-21　作图运行界面

在水深测量前，应进行测深范围外围图廓测量，围成测线布设区域。一般将外围坐标点存入坐标库中。布设测线时，将坐标库数据调出(图 4-22)，直接布设测线。

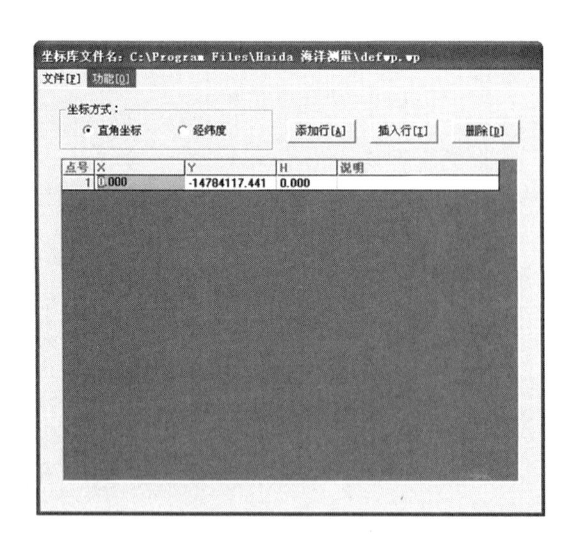

图 4-22　调出坐标库数据

4.5.2.2　测线布设

选择坐标作图，将坐标库中已有坐标调出布点，然后可根据测深需要选择满幅布线、区域布线或者航道布线等布线方式。

第 5 章　海洋测量课程改革

5.1　课程思政在海洋测量课程中的应用实践

2016 年 12 月，习近平总书记在全国高校思想政治工作会议上强调，高校思想政治工作关系高校培养什么样的人、如何培养人以及为谁培养人这个根本问题。要坚持把立德树人作为中心环节，把思想政治工作贯穿教育教学全过程，实现全程育人、全方位育人，努力开创我国高等教育事业发展新局面。要用好课堂教学这个主渠道，思想政治理论课要坚持在改进中加强，提升思想政治教育亲和力和针对性，满足学生成长发展需求和期待，其他各门课都要守好一段渠、种好责任田，使各类课程与思想政治理论课同向同行，形成协同效应（吴珍，2019；张玉玲，2019；裴星星，2019）。

"（其他）各门课都要守好一段渠、种好责任田"是对专业课任课老师的基本要求（彭文，2018）。传统测量学科一直重视培养学生团结协作、吃苦耐劳及一丝不苟等专业精神，这与测量这个艰苦行业的作业要求密不可分。海洋测量除培养学生具备上述专业精神外，如何在课程中融入海洋强国战略、"绿水青山就是金山银山"等环保理念，值得深入思考和践行。

5.1.1　课程思政的作用

长期以来，谈到大学生思想政治教育问题时，高等院校的一线专业教师往往摇头，并认为思想政治理论、马克思主义和中国特色社会主义教育及教学是思想政治理论课、思政教师、学生管理职能部门、辅导员等的事情，与专业课程及教师甚至二级学院的教学管理没有太大的关系。这就导致了专业课教师课程思政建设意识不强，更别谈什么实践（赵偲雨，2019）。

"举什么旗、走什么路"是高校发展的方向性与原则性的问题；"为谁培养人""培养什么样的人"，则必须始终和我国特色社会主义建设的现实目标与方向保持一致（彭文，2018）。对于"如何培养人"这个问题课程思政给出了好的答案：通过在专业课教授中挖掘思想内涵，建设全方位的思政教育体系，可以把教书育人真正落到实处，可以确保社会主义大学培养目标顺利实现。

5.1.2 海洋测量教学中课程思政的实现

在国家建设海洋强国战略背景下，针对海洋测量课程教学如何更好地融入思政元素，在培养学生具备专业基本精神诸如敬业、吃苦耐劳、团结协作等前提下，更好地具备大局观念、矢志不渝践行国家战略等问题，做了如下尝试：

(1) 将职业素养教育贯穿于海洋测量课程教育全过程。测量是一门传统学科，课程中涉及的定位坐标等数据作为国家基础地理信息，尤其涉及海洋敏感领域，要着重培养学生的保密观念，保证学生从事海洋调查、海洋测绘等工作时，严格执行保密制度，不做有损于国家发展的泄密工作。

(2) 将最新技术、理论及设备研发现状纳入课程教学，让学生切实体会到在践行海洋强国战略时国家层面做出的努力，从而发自内心地热爱这个行业，喜欢学习相关技术，未来实现科技兴国。从卫星、水体及海底探查设备全方位介绍相关技术：举例自然资源部国家卫星海洋应用中心 2018 年发射的 HY-1C/HY-2B卫星，介绍各卫星基本功能的同时引入学生可深入研究的科学问题；介绍国家“潜龙三号”4500 m 级无人无缆潜水器，说明“蛟龙号”拥有世界上同类型载人潜水器的最大下潜深度－7 000 m，让学生认识到我国具备的深潜神器，提升海洋勘测的神秘感和学生的好奇感；全方位介绍国产海洋测绘的新设备并说明与发达国家存在的差距，激发学生服务海洋勘测设备国产化研究的热情；等等。

(3) 将“绿水青山就是金山银山”等环保理念引入教学过程，让学生了解海洋测量能在环保工作方面做出的贡献，更加激发学生的学习热情。诸如：水下非法排污口探查，海洋声学设备为唯一的有效探查设备；大范围海上污染事件调查，海洋卫星遥感为唯一有效的工具；等等。这些基础数据作为国家政府决策的基础地理信息，实际上也是在技术层面为绿色环保做贡献，可通过学习增强学生的学习信心和兴趣。

(4) 将“学习强国”里面的一些小故事、理论及其他国家政策方面的内容融入课程教学，加深学生对国家政策的理解，鼓励学生为强国建设做出自己应有的贡献。

在建设海洋强国战略背景下，在高等学校思想政治教育面临的新困境、新问题和新要求下，专业课教师应将思政元素贯穿于教学全过程中。结合海洋测量课程自身的特点和学生学习兴趣，将多元新技术、新理论和思政元素融入海洋测量课程教学，着重从新技术层面引入思政元素，增强学生的学习热情，引导其学以致用，更好践行科技强国理念。使学生在认识海洋、了解如何勘测海洋的同时，提高社会责任感、环保意识等大局观念，并争取为课程思政教育改革工作做出更大贡献。

5.2 CPP模式在海洋测量教学中的实践与探索

进入21世纪，海洋成为世界关注的焦点，海洋的国家战略地位空前提高。顺应世界潮流，党中央、国务院提出了逐步把我国建设成海洋经济强国的宏伟目标。在沿海经济建设、舰船通航安全、国土权益维护和海洋科学研究等各方面均需要海洋测绘提供保障或支撑，而这些工作的开展需要大量的海洋测绘人才(阳凡林 等，2017；焦明连，2015；孙佳龙 等，2013)。为培养适应国家海洋战略需要的海洋应用人才，国内部分高校开设了海洋测绘专业或在测绘工程专业开设了海洋测量方向，为我国海洋科学技术的发展提供人才保障。在培养海洋测绘人才的过程中，海洋测量作为一门核心课程，主要培养学生利用海洋测绘仪器设备进行海洋信息获取、分析和处理的理论和实践能力(张存勇，2012；蒋廷臣 等，2017；杨朝辉 等，2018)。而在教学过程中，由于受到实验场地、学生学习兴趣和教学方法等方面的限制，海洋测量课程教学效果与预期效果有较大差距，严重挫伤了学生投入海洋测绘行业的积极性和主动性。因此，开展海洋测量课程的教学改革势在必行，这对海洋测绘人才的培养具有重要的现实意义。

在当今我国工程技术人才特别是创新人才面临巨大挑战的背景下，江苏海洋大学海洋技术与测绘学院以CDIO理念作为教育指导思想，以“项目驱动”作为教学和学习的内在动力，以“对分课堂”作为课堂教学形式，即采用CPP模式对主干课程海洋测量进行了教学改革，取得了良好的效果。

5.2.1 CDIO工程教育理念、“项目驱动”和“对分课堂”教学模式

5.2.1.1 CDIO工程教育理念

工程教育是近年来国际工程教育改革的最新成果。CDIO代表构思(conceive)、设计(design)、实施(implement)和运作(operate)，它以产品研发到产品运行的生命周期为载体，让学生以主动的、实践的、课程之间有机联系的方式学习工程。CDIO培养大纲将工程毕业生的能力分为工程基础知识、个人能力、人际团队能力和工程系统能力4个层面，要求以综合的培养方式使学生在这4个层面达到预定目标，并系统地提出了具有可操作性的能力培养、全面实施以及检验测评的12条标准。

迄今为止，全球已有几十所世界著名大学加入了CDIO组织，其机械系和航空航天系全面采用CDIO工程教育理念和教学大纲，取得了良好效果，按CDIO

工程教育模式培养的学生深受社会与企业欢迎。国内外的经验都表明 CDIO"做中学"的理念和方法是先进可行的,适合工科教育教学过程各个环节的改革(龚龑 等,2017;贺小星 等,2018)。

5.2.1.2 "项目驱动"教学模式

"项目驱动"教学模式是指在整个教学过程中以一个项目的不断拓展和层层推进来带动课程的学习,在每一次课堂教学中,又以项目的相关实例不断推进驱动课堂教学的开展。该教学模式强调教学内容的系统连贯性和目标一致性,注重通过实际工作过程来培养学生的实践技能和综合素质,是一种以建构主义教学理论为基础的教学方法。"项目驱动"教学模式是教育领域中一种新的教育教学方法,它改变了传统式教学中教师"一言堂"的现状,强调发挥学生主观能动性,较好地将理论学习和实践相结合,适用于应用性、实践性强的课程教学。

5.2.1.3 "对分课堂"教学模式

"对分课堂"是复旦大学张学新教授提出的课堂教学改革新模式(张学新,2014;贾艳红 等,2016)。该模式的核心理念是分配一半课堂时间给教师教授,另一半时间留给学生讨论,并把讲授和讨论时间错开,让学生在课后有一周时间自主安排学习,进行个性化的内化吸收。试点结果表明,"对分课堂"教学模式有效地增强了学生学习的主动性,教学效果良好。

5.2.2 海洋测量教学现状反思

海洋测量是测绘工程专业的核心专业主干课程之一,同时也是一门多学科相互交叉相互渗透的学科。它不仅涉及大地测量学和地形测量学,还涉及海洋声学、电磁学和气象学等多个学科。而在课堂教学中,由于课时有限,教学环境有限,教师在讲课时不可能面面俱到,同时,由于一些原理,例如多波束测深原理等比较抽象,数据处理过程也比较复杂,导致在课程教学中学生学习比较困难,影响了课程的教学效果。另外,理论教学体系与实践教学体系结合不密切,实践教学只停在"学"上,基本脱离生产实践,不具备社会服务功能。针对目前海洋测量教学环节存在的一些问题和不足,本书提出以 CDIO 为教学理念,将"项目驱动"和"对分课堂"两种教学模式加以融合,在海洋测量教学过程中进行应用实践。

5.2.3 CPP 模式的海洋测量教学实践

5.2.3.1 整合教学内容,提高应用能力

海洋测量的课程培养目标是使学生掌握现代海洋测量的理论和方法,适应我国海洋测绘事业发展的需要。通过该课程学习,学生不仅应掌握海洋定位、水

深测量和水下地形测量的相关理论和方法，同时还应具备利用包括单波束测深仪、多波束测深仪、浅地层剖面仪、磁力仪等海洋测绘仪器设备进行相关海洋信息采集和数据处理的能力。因此，在教学中，应重点培养学生的实践和实际操作能力，对于一些知识性和原理性的内容，则将其整合并融入海洋测绘的实践能力培养的过程中，让学生在解决实际问题的过程中理解和体会相关原理和方法。同时，将目前工程领域中一些实际技术问题以研究项目的形式交给学生，让他们在研究中学习，在学习中提高应用和创新能力。

5.2.3.2　打破"教""学"界线，增强学习能力

海洋测量课程涉及较多的海洋学、卫星定位与导航、水声学和电磁学等相关理论，专业名词多，计算公式也比较繁杂，学生以往都是以死记硬背的方式学习，以通过考试为目的，但在工程实践中，却难以应用到学习的理论和方法，从而背离了课程的培养目标。针对这样的现状，我们采用了以下教学方法，提高了教学质量。

(1) 践行 CDIO 理念，挖掘学习潜力

CDIO 理念强调学生综合素质，特别是学生创造性思维的培养。在"做中学"是 CDIO 理念的基本要求，因此，对于海洋测量的教学内容，我们紧紧围绕 CDIO"构思-设计-实施-运作"的教育模式，根据教学大纲要求以及往届学生学习的兴趣，将教学内容设计成卫星定位、水下声学定位、声速测定、水深测量归算、海底地形测量和航行障碍物测定 6 个模块，让学生根据自身的特点和学习兴趣，确定自己的模块，在课下深入学习和研究该模块中的相关内容，并以报告的形式在课堂上加以阐述，实现"实施"到"运作"的目标。

(2) 项目驱动学习，提高自学能力

通过将教学内容分成若干模块，也将学生分成若干项目小组，让学生在课下利用教师提供的相关数据，以模块作为项目，讨论、分析和研究新的方法。在课程学习的同时，也积极组织学生申报校级、省级乃至国家级创新实验项目，特别是水下声学定位、声速测定和水深测量归算具有较大的研究潜力，学生在完成项目的过程中，也积极参加各种学科竞赛，以赛促研，以研促学，不仅使学生在课程学习的阶段学习海洋测量的内容，还将这一过程贯穿于整个大学阶段，使学生真正地做到在学习中创新、在创新中学习，不断提高学生的自主学习能力，让学生体会到学习的乐趣和成就感。

(3) 强化"对分课堂"，提高综合素质

对于课堂教学，教师的作用已经不再是按部就班地讲授规定教学内容，因为

学生在课下通过实施相关项目的研究，对于一些原理性内容已有所认识，教师仅仅是将难以理解的地方加以解释和分析。在课堂上，教师更重要的是采用诱发、引导和展现等教学和手段，启发学生思考，将各个模块的发展现状和存在问题提出来，让同学阐述自己的观点和思路，从而将更多的课堂时间交给学生，真正地实现"对分课堂"。对于选择该模块的兴趣小组，在听取了其他同学的意见后，根据他们在课下的研究成果，再与其他同学讨论和交流。这样不仅锻炼了学生在课堂上的积极思考能力，同时也提高了学生的表达能力以及随机应变能力，从而有利于学生综合素质的提高。

5.2.3.3　创造工作环境，提高实践能力

海洋测量是一门实践性很强的课程，而在实践教学中，并非是把一些理论知识简单地搬到实践中，而是根据具体实际情况具体分析，真正地让学生将理论与实践相结合，用理论去指导实践，通过实践验证和校正理论，最终提升学生在实践中的应用能力。因此，我们采用了演练式、案例式和产教结合的方式多角度多层次地让学生积极参与到实践中。

演练式：教师在课堂上讲完某个测量原理（如水深测量）后，随即就通过实验课的形式让学生动手实际操作，通过实际测量，使学生更加感性地认识水深测量的基本过程，同时，也可以通过实践中可能出现的不同情况，例如，当水深较浅，甚至超过了测深仪最小测深范围时，观察学生如何应对，锻炼学生的实际应用能力。

案例式：在学生了解并掌握了某种操作方法后，教师可以模拟一些工程的工作环境，对学生的掌握情况进行系统训练，使操作更有针对性。例如，学生在平静的水面上掌握了测深仪的操作技能，但在海洋测量中，海洋环境复杂多变，我们就可以利用学校新建的多功能水池，通过造风造浪的方式，让水深测量的环境变得困难，也初步让学生感受到海洋测量工作的复杂性。

产教结合：通过组织学生到海洋测量工作的现场观摩、感受并动手操作工程单位的海洋测量仪器和相关软件，让学生近距离参与和学习工程现场的实际操作过程，从而提高学生的工程实践应用能力。此外，我们还组织学生积极参与到教师的科研项目中来，让学生把课上所学知识在实践中加以应用，做到学以致用。

5.2.3.4　改进考核方法，提高创新能力

CDIO 理念提出了 12 条具有可操作性的标准，对培养的工程师的质量进行检验和评价。而对于海洋测量这样一门既有较强的理论性同时又强调培养学生

实践和创新能力的综合性课程，我们在 CDIO 理念的基础上，制定了多角度、多层次和多目标的考核办法，以全面评价学生对理论知识的掌握程度、运用理论的应用能力和在实际工作中的实践及创新能力。我们通过口试、笔试和与实际操作相结合的方式全方位考核学生的学习效果。通过研究报告、口头报告、小论文、大作业、项目设计和报告等多种形式对学生的综合素质进行评价。例如，对于多波束测深等基本理论和知识点，主要通过闭卷考试的形式，评价学生对基本知识的掌握程度。对于学生的创新能力，主要通过研究报告和大作业的形式，对其进行评价。而通过采用 4～5 人的操作小组，让小组共同完成某项任务，既考查了每个学生的实际动手和实践能力，同时也有效考核了小组成员的团结协作能力和组织能力。除此以外，为了检核不同阶段的教学质量和教学效果，在每次实验后，我们都组织学生参与问卷调查，通过调查，可以及时掌握学生对每一部分内容的掌握情况，从而加以改进，更好地促进教学质量的提高。

5.2.4　改革成效

通过 CPP 教学模式的实施，课堂气氛变得更加活跃了，课堂教学质量有了较大提升，教师从事教学的积极性也有了较大提高，在教学质量上取得了一定的成效，主要表现在：① 教学质量和教学效果明显提高。在学校组织的教学质量考评中，学生对海洋测量课程的教学评价平均在 90 分以上，位于全院课程排名前列。在课堂和课后进行的问卷调查中，92％的学生同意在教学中实施 CPP 教学模式。② 提升了学生的创新能力。近两年来，有 20 多人次在全国大学生测绘科技论文竞赛、大学生创新创业大赛和水下机器人大赛中获奖。其中，福思特海洋科技有限公司水下机器人获得第五届江苏省“互联网＋”大学生创新创业大赛二等奖；“淮海二号”水下机器人获得 2016 智海 OI 中国水下机器人大赛一等奖；自潜式地形观测型 ROV 的设计获得 2016 年首届江苏省高校测绘地理信息创新创业大赛特等奖。③ 提高了学生的综合专业素质。通过项目驱动在学生学习中的不断强化，激发了学生的学习兴趣，明确了学习的方向，转变了学习的态度，提高了专业技术水平，增强了团队合作意识，全方位地提高了学生综合专业素养和工程技术水平，学生近两年来申请海洋测量方面的开放实验和大学生创新实验项目数量每年均以 20％的增幅稳步提升。④ 课程建设得到加强。通过 CPP 教学模式的实施，课程建设上也取得了一些进步。其中，学校投资 1 000 万元建设的海洋工程技术综合训练中心已根据海洋测量等涉海课程大纲要求，建设了室内实验水池和海底地形模型，使海洋测量实习和实验场地更加实用和真实。海洋测量技术实验室获得中地共建实验室项目 200 万元经费支持，更新了大量海洋测量仪器设备。《海洋环境立体监测与评价》获得江苏省“十三五”规划教材立项;卫星海洋测量学获得江苏省精品在线课程立项。这些成果可以使学生在海洋测量方面获得更多的实践锻炼机会,从而更好地为国家的海洋战略提供技术服务。

实践表明,将 CDIO 理念贯穿于课程教学,以“项目驱动”机制带动学生参加各类实践活动,在课堂上采用“对分课堂”教学模式,可以让更多的学生主动学习,增强学生学习兴趣,提高学习效果,这种教学模式是切实可行的,对于其他课程的教学也具有一定的借鉴意义。

5.3 专业性学生社团在海洋测量教学中的探索

学生社团作为高校教育的一个重要载体,承担着丰富大学生活,促进学生交流的作用,同时作为一座桥梁和一条纽带,把老师和学生紧密联系在一起,从而承担着政治思想教育的重要使命(杨宝忠,2004;王春祥,2003)。目前,我国高等院校的学生社团正呈现出百花齐放、百家争鸣的态势。我国高校社团主要有体育娱乐型、艺术兴趣型、科技创新型、政治思想型、专业学术型和科技创新型等(王运东 等,2007;郭新伟,2020)。

5.3.1 高校学生社团的主要特点

(1) 兴趣性。高校学生社团的组建与发展始终离不开学生的兴趣和爱好,正是因为有着共同的兴趣,学生才会自发地成立这样一个组织。而作为一种组织,它需要有一定的管理机制,有学生自己选举的负责人以及常态化的活动把社团内的学生有效地组织起来,使学生在活动中得到学习和锻炼,当然从中也会得到许多的快乐(李涛,2019;任一波,2009)。

(2) 交流性。学生社团是学生自己组织的,除了一些活动需要老师参与和指导外,在社团发展的大部分时间里,都是学生自己管理自己,自己组织活动,因此,学生之间有了更多的交流。社团与班级又有所不同,班级是按照编制组建的,虽然大家在一起学习,但兴趣可能有所不同,交流的机会可能也较少(俞慧刚,2020;李俏,2020)。

(3) 综合性。学生社团作为一个组织,不仅仅要组织学生参加活动,同时还要进行组织的管理、活动公关、组织规划等,这对提升学生的综合能力具有非常重要的作用(杨燕,2020)。

5.3.2 专业性学生社团与海洋测量教学相结合的思考

作为测绘工程专业的一门主干课程,海洋测量是理论与实践并重的专业基础课，学生不仅要理解海洋测量的基础理论知识，掌握海洋测量的经典技术与方法，而且还要进一步培养和训练分析问题和解决问题的能力。因此，海洋测量对于测绘专业的学生而言是一门既重要又难学的课程（焦明连 等，2009）。在课堂教学中，由于海洋测量名词术语多、限差标准多、仪器构造多、公式代码多、方法原理多，同时涉及的知识面广（如测量基准和高等数学等），学生普遍感觉课程的部分内容理论性太强且枯燥无味，因此会产生厌学情绪，最后导致部分学生只是死记硬背一些公式和名词而蒙混过关（谢宏全 等，2008）。虽然从改善课堂教学方法入手可以提高一些学生的学习兴趣，但这可能仅对小部分学生有效，大部分学生仍然对课程提不起兴趣。因此，在课堂之外，根据学生的专业兴趣将学生组织起来，开展有针对性的科研和工程项目，不仅增加了学生的学习兴趣，同时也锻炼了学生的综合能力，这对学生的今后发展大有好处。

5.3.2.1　专业性学生社团的组成设想

由于海洋测量课程涉及知识面较广，使用的测量仪器也较多，因此可以根据学生对某一个或几个方向的兴趣进行分组。如某些学生动手能力特别强，对使用海洋测量仪器特别是高精度的测量仪器感兴趣，可以组成测量仪器组。在这个兴趣组里，学生之间可以就测量仪器的使用以及操作技巧甚至测量仪器的改进等方面展开探讨和交流，从而使这些学生对测量仪器有更深入的了解，同时增加了他们学习海洋测量的热情和信念。而有些同学动手能力较差，但抽象思维能力和数学运算能力较强，他们对海洋测量数据处理和测量平差感兴趣，因此，可以将其组成数据处理组或测量平差组，这样他们也有了一个互相交流以及与老师交流的平台，也会大大地增强他们学习的动力，从而对海洋测量有更深入的了解。除了这两个兴趣小组以外，还可以根据学生的学习兴趣再继续组成诸如水深基准转换组、水深测量组、海底地形测量组、海洋空间定位组、海洋测量软件开发组等多个兴趣小组。

通过将班级里的学生分成若干个兴趣小组，每个学生都知道自己喜欢干什么，喜欢学什么，这对学生将来的就业取向也会有指导作用。比如，当一些学生感觉自己对测量数据处理很感兴趣，但不愿意到野外进行艰苦测量的工作，对于将来的就业或求学，他只能选择后者，因此，他可以很早就明确目标，提早准备。而一些学生可能数学功底较差，考上研究生的希望很小，而他又对测量仪器挺感兴趣，因此，可以加入测量仪器的兴趣小组，不仅锻炼了自己的动手操作能力，同时也增强了与同学交流和协作的能力，对于将来的就业也大有好处。

5.3.2.2 项目式教学模式

学生根据兴趣和爱好组成若干个兴趣小组，但如果这些兴趣小组没有老师的指导和帮助，仅凭学生的兴趣，靠学生自学的能力是很难让学生得到很好的锻炼的。因此，老师对于如何挖掘学生学习的潜力起着至关重要的作用。由于在高校，很多老师都有一些科研课题，而老师由于时间和精力有限，需要别人帮助去做这些课题，研究生当然是主力军，但培养本科生也是高校教师的一项责任。因此，通过高校教师申请课题，让相关的兴趣小组的学生参与，既帮助老师完成了课题，同时也让学生通过科研活动获得了社会和老师的认可，从而进一步增加了学生的学习兴趣，也使其体会到了学习的价值，形成一种良性循环，无论是对学生个人学习还是对整个学校发展都具有重要的促进作用。

当然，对于通过科研项目来带动学生学习的兴趣是因校而异的。对于有硕士点或博士点的高校，由于有大量的在读研究生，因此，很多老师会选择让研究生去参与科研项目。而对于没有硕士点的高校，由于学校的层次较低，学校老师也很难申请到纵向的科研课题，因此，也就不存在让学生参与项目的可能性。所以，不同的学校可以采取不同的培养策略。对于有硕士点的高校，可以让博士生或硕士生带领相关的兴趣小组参加科研项目，这对在读的博士生或硕士生的组织能力也是一种锻炼。而对于一些很少能申请到课题的高校，可以让教师带的本科毕业生在做毕业论文的时候与相关的兴趣小组合作，共同开展毕业设计题目的研究，这对即将毕业的本科生而言，既较好地完成了毕业论文，同时也增强了自己与其他学生之间沟通和协作的能力。

5.3.2.3 创新实验式教学模式

兴趣小组中的学生除了参加老师申请的科研课题外，还可以参与老师申请到的创新实验。创新实验计划是学生在教师的指导下，自主选题、自主设计实施方案。项目研究时间一般为1～3年。通常研究课题主要源于课程学习中引申出的研究课题或者结合学校有关重大研究项目，可由学生独立开展研究的课题以及由学生自主寻找与实际生活相关的课题。目前，从国家到省级政府再到各个高校，都在积极开展创新实验计划。这项计划主要面向全校全日制本科二、三年级学生。创新计划的开展对于二、三年级本科生而言，既锻炼了学生的独立思考能力和实践动手能力，同时也进一步增加了学生对科学研究、科技活动及社会实践的浓厚兴趣，对于培养学生的创新意识和研究探索精神以及将来从事科学研究的基本素质和能力都有极大的推动和帮助。

与科研项目相比，创新实验计划的目标性和针对性更强，因此不再像科研项目那样,需要几个或多个兴趣小组协作完成,仅需要一个或两个兴趣小组参加即可。参加创新实验计划的兴趣小组,可以根据创新实验计划制定具体的研究方案和技术路线。当然,在老师申请创新实验计划的时候,可以和兴趣小组共同商议和探讨研究即将开展的创新计划,让学生也参与到计划的申请中来,使学生全方位、立体式参与到创新实验计划中来,为将来从事科研活动提前做好准备。也可以在成立专业兴趣小组的同时就开展申请创新实验计划项目的工作,以申请带动学习,以学习带动科研,以科研带动创新计划,最终实现学生全面发展的良好局面。

5.3.2.4　综合教学模式

对于很多高校,可能既有科研项目也可以申请到一些创新实验计划。因此,综合利用项目式教学和创新实验式教学模式也是一种可行的方案。从图5-1可以看出,在通常情况下,老师通过课堂教学的方式将教学大纲中的重点和难点进行详细的讲解,然后通过课堂提问及课后作业的形式对课堂上的教学质量进行检查。但由于课堂上的时间有限,老师不可能进行过多的提问。而在课后作业中,也很难真实了解学生掌握的情况。因此,在课堂-课后作业这种教学模式中,很难形成一个完整的闭合回路(从课后作业反馈回的信息量很少),老师也就很难了解学生的具体学习情况。但如果将班级的学生按兴趣分成若干兴趣小组,再让这些兴趣小组参与到相关的科研项目或创新实验计划中来,在老师的带领下进行相关的科学研究,同时老师也对学生的海洋测量知识的掌握有了零距离的了解,可将这些信息反馈给海洋测量专业课老师或者指导学生进行科研活动的老师就是教授海洋测量专业课的老师(这样是最好的),就可以多增加两条闭合回路,形成更多的"检核"条件,从而使海洋测量专业课的老师更多地了解自己的学生的学习情况和其他方面的能力。

例如,在讲解测深数据归算的时候,由于学生没有参与过科研项目,因此,很难理解测深数据归算的重点和难点在哪里,他们不知道在不同的用途和要求下应该使用不同的解算方法和公式。但如果让学生参加到兴趣小组中来,并结合某项课题或创新实验计划让他们参加某种测深数据归算时,他们就会明白哪种情况下应用哪个公式,哪种情况下不能使用哪个公式,才会真真切切地体会到学习的乐趣以及因此而获得的自豪感,这样教学才会产生效果。

5.3.3　管理机制的建立与完善

作为专业性学生社团,比如由测绘工程专业学生成立的海洋测量各个兴趣小组等,在自身运行时会遇到很多困难和风险,这就需要在成立专业社团的同时

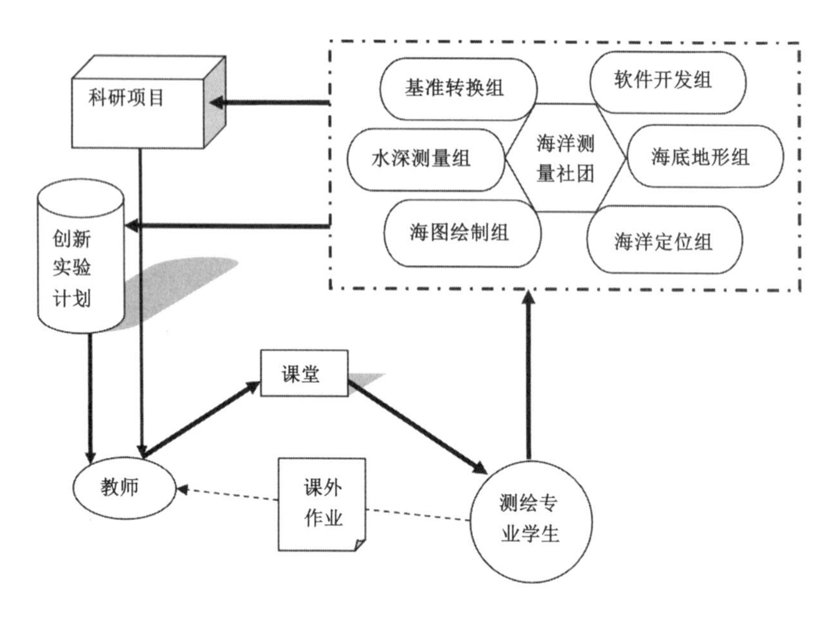

图 5-1　综合教学模式示意图

建立并强化相应的指导和管理机制，规范社团活动，加强指导，从而在解决社团存在的矛盾和风险规避中发挥重要作用。

由专业教师指导相关专业社团的工作，在监控社团活动中发现学生在学习中存在的问题，并及时反馈到海洋测量教学中，在课堂上对于社团在参加科研项目或创新实验计划时学生存在的问题进行讲解和剖析，可以更好地让更多的学生对海洋测量这门课程有深入了解和认识。作为学生组织，从规章制度的建立到执行，从社团的纳新到运行，从社团的发展规划到具体的实施路线，这些都可以发挥学生的主观能动性，充分调动学习的创造性和积极性，为学生的海洋测量专业课学习乃至其他课程的学习提供源源不断的动力和支持。

目前，在高校中，专业性社团已经成为学生专业课学习的第二课堂。通过组建合理的、高效的专业性社团，可以为学生学习专业课提供更多的、更精彩的舞台。海洋测量作为测量专业的主干课程，对学生的综合能力要求较高，而这门课程的学习质量又直接影响到学生将来在测绘领域的发展。因此，开展海洋测量专业社团的建设是非常必要的。当然，不是简单地成立海洋测量专业社团就可以为大地测量课程的学习做好服务。不同层次的高校所组成的海洋测量专业社团的形式和方式可能不同，但最终的目标应该是一致的。另外，海洋测量专业社团的指导老师应该从相关研究领域的优秀教师中选拔，切勿随意指派，否则可能既影响了老师的积极性，同时学生也会因为老师的不专业而失去学习的兴趣。最后，学生在申请加入专业社团的时候，老师也要把关，让合适的学生到适合的兴趣小组中才是最好的选择。

第6章 结　语

海洋测量作为国家一流专业建设点——江苏海洋大学测绘工程专业的主干课程，2021年被江苏省教育厅遴选为江苏省首批省级一流课程。课程内容体系厚实，理论与实践、知识与能力、应用与创新有机地结合在一起，符合江苏海洋大学的人才培养目标定位。

本书采用CPP模式对课程进行了教学实践，将线上线下学习相结合、虚拟仿真与实验实训相结合、理论知识与工程实践相结合、课堂学习与社团研讨相结合，增强了学生学习兴趣，全方位提高了学生的综合素质和能力，与学校培养应用创新型人才的目标相契合。

在课程建设中，本书将CDIO理念、"项目驱动"和"对分课堂"等模式进行融合的教学新模式应用到海洋测量的课程教学中，打破"教""学"界线，增强学生学习能力；以项目驱动学习，提高学生自学能力；强化"对分课堂"教学模式，提高学生综合素质；模拟工作环境，提高学生实践能力。

在课程教学中，将海洋测量在线开放课程资源、港口与航道疏浚工程测量虚拟仿真实验项目等信息化技术融入课堂教学，让学生在课下能够利用充分的教学资源进行自主学习；在课程教学中，以学科竞赛为载体，将课程学习成果融入竞赛作品，强化了学生的主体地位，转变了学生的学习方式，提升了学生自主学习和自主创新的意识和能力，获得了丰硕的成果。学生以海洋测量相关内容为主题参加各类竞赛，获得了中国"互联网+"大学生创新创业大赛、全国大学生测绘科技论文竞赛、全国大学生测绘技能大赛、国际水中机器人大赛、OI中国水下机器人大赛、"临港杯"水下智能机器人大赛和江苏省高校创新创业大赛等各类各级竞赛奖项70余项，近50名学生考取中国科学院大学，自然资源部第一、第二和第三海洋研究所，河海大学等科研院所和高校研究生。

本书作为江苏省教育科学"十三五"规划专项重点课题("项目树"教学模式在测绘创新人才培养中的应用研究)的重要成果，以"课程建设"为主题，对"项目树"等教学模式在海洋测量课程中的应用进行了实践和探索，对于其他课程的教学具有一定的借鉴意义，但在"对分课堂"设计和线上线下混合教学模式的教学评价上还有需进一步改进的地方，这也是作者今后努力的方向。

参考文献

蔡述庭，李卫军，章云，2018.工程教育认证中毕业要求达成度的三维度评价实践[J].高等工程教育研究(2)：71-76.

董庆亮，韩红旗，方兆宝，等，2007.声速剖面改正对多波束测深的影响[J].海洋测绘，27(2)：56-58.

樊一阳，易静怡，2014.《华盛顿协议》对我国高等工程教育的启示[J].中国高教研究(8)：45-49.

龚龑，张熠，方圣辉，等，2017.高校工科教学知识点与科学精神关联培养探讨：以遥感科学与技术专业课程教学为例[J].测绘通报(2)：143-146.

郭新伟，2020.借助专业型社团和技能大赛互动机制为依托共促人才培养[J].福建茶叶，42(1)：172-173.

贺小星，鲁铁定，李长春，2018.卓越工程师计划背景下测绘工程专业人才培养模式探索[J].测绘工程，27(1)：77-80.

贾艳红，焦明连，李海英，等，2016.遥感概论课程个性化学习教学模式探索[J].地理空间信息，14(10)：104-106.

蒋廷臣，王秀萍，焦明连，等，2017.测绘专业认证背景下的“GNSS测量原理与应用”课程教学研究[J].测绘通报(1)：154-156.

焦明连，2015.专业认证背景下测绘工程专业建设研究[J].测绘科学，40(11)：182-186.

焦明连，董春来，周立，2009.CDIO理念下大地测量学基础教学改革的实践[J].测绘科学，34(6)：303-304.

李俏，2020.高职院校校企社合作共建专业社团研究[J].现代职业教育(2)：222-223.

李涛，2019.基于职业能力提升的高校社团建设探索[J].教育理论与实践，39(21)：38-40.

李炜，2020.沿海远距离施工实时水位控制测量方法[J].水运工程(3)：161-164.

李志义，2014.解析工程教育专业认证的学生中心理念[J].中国高等教育

(21):19-22.

刘宝，李贞刚，阮伯兴，2017.基于工程教育专业认证的大学课堂教学模式改革[J].黑龙江高教研究，35(4):157-160.

刘毅，周兴华，史永忠，等，2015.姿态测量误差对多波束测深数据影响分析[J].测绘工程，24(9):31-33.

陆勇，2015.浅谈工程教育专业认证与地方本科高校工程教育改革[J].高等工程教育研究(6):157-161.

裴星星，2019.浅谈新时代高校思政课教学模式改革[J].决策探索(下)(3):60.

彭文，2018.在工程测量课程中实践“课程思政”的探讨[J].绿色科技(19):247-248.

任一波，2009.学生专业社团在高职示范建设中的建设与发展[J].浙江工商职业技术学院学报，8(2):68-70.

孙佳龙，郭淑艳，焦明连，等，2013.卫星定位与导航教学的改革与实践[J].测绘科学，38(5):190-192.

孙佳龙，王晓，汤均博，2019.CPP 模式在海洋测量学教学中的实践与探索[J].地理空间信息，17(12):129-131.

王春祥，2003.加入 WTO 后我国测绘教育发展对策探讨[J].黄河水利职业技术学院学报，15(2):69-70.

王运东，沈燕清，蓝晓霞，2007.高校学术型学生社团建设的思考与对策：以广西大学为例[J].广西青年干部学院学报，17(3):41-44.

吴珍，2019.二级学院“课程思政”面临的挑战与推进路径[J].河南工业大学学报(社会科学版)，15(4):107-113.

夏雄军，李兰，2019.成果导向的高校课程优化策略研究[J].湖南师范大学教育科学学报，18(6):121-123.

肖波，刘方兰，曲佳，2012.多波束测深系统误差源分析[J].海洋地质前沿，28(12):67-69.

谢宏全，张永彬，高祥伟，2008.测绘工程专业开设测绘科学简史课程初探[J].测绘科学，33(5):228-229,227.

杨宝忠，2004.高校学生社团建设的理性思考[D].长春：东北师范大学.

阳凡林，李家彪，吴自银，等，2009.多波束测深瞬时姿态误差的改正方法[J].测绘学报，38(5):450-456.

阳凡林，卢秀山，于胜文，等，2017.海洋测绘专业教育的发展现状[J].海洋测绘，37(2):78-82.

杨燕，2020.论双创教育中“同质定位”与“异质拓展”的团队建设[J].教育理论与实践，40(3)：44-46.

杨朝辉，张序，连达军，等，2018.基于CDIO的测绘工程专业工程实践教学体系创新实践[J].测绘工程，27(2)：75-80.

俞慧刚，2020.从合作博弈到利益均衡：高校学生社团与企业合作的动态演化过程[J].高教探索(2)：77-82.

张存勇，2012.涉海专业创新人才培养的实践平台初探[J].教育教学论坛(18)：37-38.

张学新，2014.对分课堂：大学课堂教学改革的新探索[J].复旦教育论坛，12(5)：5-10.

张玉玲，2019.大学英语“课程思政”教学的探讨[J].中外企业家(24)：171.

张志国，王兴博，陈纯，等，2016.天津南港工业区通海航道泥沙水力特性试验研究[J].水道港口，37(2)：142-146.

赵偲雨，2019.新时代高校思政课教学改革策略研究[J].科技风(24)：60.

郑彤，周亦军，边少锋，2009.多波束测深数据处理及成图[J].海洋通报，28(6)：112-117.